뇌과학자의

특 / 별 / 한

육 / 아 / 법

정답이 없는 육아에서 가장 좋은 선택을 하는 법

뇌과학자의

특 / 별 / 한

육 / 아 / 법

니시 다케유키 지음 **황소연** 옮김

길벗

아이 키우는 데 정답은 없지만
과학은 더 좋은 길을 찾아낼 줄 압니다

AIArtificial Intelligence, 인공지능의 활약은 이미 시작된 미래입니다. AI인 알파고와 이세돌의 바둑 경기에서 알파고가 5경기 중 4경기를 승리하여 전 세계를 충격에 빠트렸던 것이 벌써 수년 전의 일입니다. 이제 AI는 일상생활이 되어, 로봇이 서빙하는 레스토랑이 흔해졌습니다. AI 셰프가 유명 초밥 장인의 기술을 그대로 흉내 냄으로써 맛있는 초밥을 어디서든 먹을 수 있습니다. 무인으로 가동되는 공장, 의료를 보조하는 AI 등 세계 곳곳에서 큰 변화가 일어나고 있습니다.

수많은 사람들이 이러한 변화를 환영하지만은 않습니다. 앞으로 자신의 역할과 일자리를 AI가 대체할까 봐 두려워하는 사람들도 있습니다. 부모들은 내 아이가 미래에 성인이 되어 행복한 인생을 꾸려나가려면 도대체 어떻게 키워야 하는지 고민

합니다. 참고로 뉴욕시립대학교 대학원의 캐시 데이비슨Cathy Davidson 교수는 이미 10년 전, 아이들의 미래에 대해 이러한 예측을 내놓았습니다.

"2011년 현재 미국 초등학교에 입학한 아동의 65%는 대학 졸업 후, 지금은 존재하지 않는 전혀 새로운 직업을 갖게 될 것이다."

이를 증명하듯, 2020년 한국고용정보는 지난 8년 동안 한국에서만도 3,525개의 직업이 새로 생겼다고 발표했습니다. 여기에 포함된 직업은 빅데이터 전문가, 블록체인 개발자, 인공지능 엔지니어 같은 최신 기술 발달과 함께 새로 생긴 직업도 있지만 유품정리사, 애완동물 행동교정사, 스포츠 심리상담사, 직업체험 매니저처럼 가구 구조와 사회환경의 변화로 생겨난 직업들도 있습니다. 지금 우리가 확신할 수 있는 것은 이 책을 읽는 부모님들은 내 아이가 20년 뒤 어떤 세상에서 어떤 직업을 갖고 살게 될지 예측하기 힘들다는 것입니다.

비인지능력에 교육의 힌트가 있습니다

그렇다고 아이 키우는 데 정답이 없다고 말할 수 있을까요? 저는 오랜 시간 뇌과학을 연구해왔습니다. 특히 세계적으로 성공한 사람과 그렇지 않은 사람들의 차이점을 뇌과학적 측면에서 연구해 그 결과를 기업이나 개인에게 제공하고 있습니다.

최근에는 어린이집, 유치원, 초등학교 등 교육 현장에서 학부모 강연과 교사 연수를 진행하며, 아이들의 성장을 돕는 환경을 만들 것을 제안하고 있습니다. 덕분에 아이들과 직접 만날 기회가 많아졌는데, 아이들이 노는 모습을 지켜보다가 한 가지 놀라운 사실을 발견했습니다. 아이들의 놀이가 예전과 비교할 수 없을 정도로 줄었다는 사실입니다.

우리가 어렸을 때를 떠올려보시기 바랍니다. 그때는 골목과 놀이터가 북적였습니다. 바닥에 선 몇 개만 긋고도, 돌멩이 몇 개만 있어도 몇 시간을 놀았습니다. 같은 놀이라도 즉석에서 머리를 맞대고 새로운 규칙을 만듦으로써 새로운 놀이를 탄생시키기도 했습니다. 그러나 교육 현장에서 만난 요즘 아이들은 대부분 선생님이 마련해준 놀이 공간에서 선생님이 가르쳐준 규칙을 지키며 놀이하는 경우가 대부분입니다. 예전처럼 자율적이고 창의적인 놀이를 할 줄 아는 아이가 거의 없습니다.

잘산다는 것을 수치화할 수는 없지만 과학은 통상적으로 교육 수준, 직업 만족도, 행복감, 소득 수준, 정서적 안정감, 안전감, 자존감, 그리고 스스로 판단하는 삶의 만족도를 통해 한 개인이나 집단이 잘살고 있는지를 분석합니다. 이처럼 '잘살기 위해 필요한 능력'과 관련된 세계적인 연구 결과들을 보면, 어린 시절에 '비인지능력(눈에 보이지 않지만 학력보다 중요한 역량)'을 단련하는 것이 중요하다고 합니다.

대표적인 비인지능력 중 하나는 '창의력'입니다. 미국에서 진행된 아이의 창의력과 학업 성적에 관한 장기 추적 연구 결과, 창의력이 낮았던 아이의 경우 학업 성적이 우수하더라도 성인이 되어서는 대체로 평범한 삶을 살게 되었다고 합니다. 반면 창의력이 발달한 아이는 학업 성적이 낮았더라도 어른이 되었을 때 특정 분야에서 탁월한 성과를 내는 사례가 많았습니다.

과거에는 비인지능력이 성공과 평범한 삶을 가르는 능력이었다면, 앞으로 비인지능력이 부족한 사람은 평범한 삶을 살기도 어려워질 수 있습니다. 기업체 강의를 하다 보니 관리자급 인사들을 만날 기회가 많은데 최근 들어 자주 듣는 말이 있습니다. "요즘 젊은 신입 사원들은 똑똑해서 지시한 일은 완벽하게 처리하는 편이에요. 반면 누군가 시키지 않으면 마냥 손을 놓고 있어요"라는 이야기입니다. 그러나 이처럼 시키는 일만 해내는 사람은 앞으로 커다란 위기에 직면할지 모른다고 미래 전문가들은 입을 모아 말합니다. 그도 그럴 것이, 명령 수행 능력은 AI가 웬만한 인간들보다 더 뛰어날 것이기 때문입니다.

천재 유전자는 존재하지 않습니다

2016년 전 세계 과학자들을 깜짝 놀라게 한 연구 결과가 발표되었습니다. '천재와 범재의 DNA를 비교했을 때 차이점이 없었다'는 것입니다.[1] 킹스칼리지 런던King's College London 연구팀이 '세계 상위 0.03%에 속하는 천재' 1,409명을 대상으로 유전자 배열(게놈)을 분석했는데, 범재와 구분되는 '천재 DNA'는 결국 발견하지 못했습니다. 천재는 유전자가 아닌 다른 요인으로 정해진다는 사실이 과학적으로 규명된 것입니다.

물론 유전적 요인이 개인의 능력에 완전히 영향을 미치지 않는다고 할 수는 없습니다. 다만 최신 연구 결과에 따르면, 성공하는 데 꼭 필요한 창의력과 의사소통 능력 등은 후천적으로 충분히 키울 수 있다는 것입니다. 부모가 아이의 타고난 유전자를 바꿔줄 수는 없지만, 보다 '잘' 자라도록 아이를 도울 수 있는 과학적인 방법들은 존재합니다.

특히 저는 미래 세상을 살아갈 인재로서 아이가 반드시 갖추어야 할 덕목, 전 세계 과학자들의 이목이 집중되고 있는 창의력, 의사소통 능력, 자기조절 능력 등 비인지능력에 주목했습니다. 많은 사람들이 육아에 정답이 없다고들 하지만, 과학이 찾아낸 정답에 가까운 길을 안내하고자 했습니다. 뇌과학을 중심으로 한 최신 지식과 정보를 이 책에서 발견하시기를 바랍니다.

바로 적용할 수 있는 지식을 담고 싶었습니다

저도 한 아이를 키우고 있는 아버지입니다. 직접 아이를 키우다 보니 매 순간이 물음표였습니다. 일례로 아이가 공공장소에서 울며 떼를 쓸 때 부모의 마음은 복잡해집니다. 찰나의 순간 다양한 생각이 머리에 스칩니다. 제 머릿속에서는 보통 이런 생각들이 섞였습니다.

'가만 놔뒀다가 애 버릇이 나빠지면 어쩌지?', '사람들에게 눈총받고 자라도 괜찮을까?', '아이가 떼를 써서 창피한데', '공공예절을 가르치는 것과 아이 마음을 존중하는 것 중 뭐가 우선일까?'….

이 물음에 대해 과학에서 답을 찾고자 했습니다. 직접 아이를 키우며 궁금했던 것들, 또 강연을 통해 만난 부모들과 교사들이 자주 하는 질문들을 이 책에서 다뤘습니다. 또한 책을 읽는 분들이 과학적 사실을 아는 데서 그치지 않고 바로 현실에 적용할 수 있기를 바랐습니다. 육아는 실전이기 때문입니다. 이러한 집필 의도를 살리기 위해 각각의 글 첫머리는 Q&A 형식을 취했습니다. 인간의 뇌는 질문을 하고 그 질문에 대한 대답을 찾는 과정을 거치면서 학습한 내용을 머릿속에 더 또렷이 각인시키는데, 직접 질문과 답을 찾지 않고 Q&A 형태의 문장을 읽는 것만으로도 동일한 효과를 얻을 수 있습니다.

재미있게 읽은 책도 마지막 페이지를 덮고 나면 책 내용이 잘 떠오르지 않는 경우가 많습니다. 특히 아이 키우는 부모의 경우 절대적으로 집중할 수 있는 시간도 짧습니다. 아이 키우는 데 도움이 되는 지식들이 부모님 마음에 더 오래, 많이 남았으면 하는 바람으로 Q&A로 글을 시작했습니다.

그동안의 지식들을 정리해 널리 알릴 수 있어서 무한한 기쁨을 느낍니다. 모쪼록 아이들이 각자 가지고 있는 재능을 활짝 펼치며 무한한 가능성을 품은 어른으로 성장하는 데 이 책이 조금이나마 보탬이 되기를 진심으로 바랍니다.

– 뇌과학자 니시 다케유키

차례

● Chapter 1

아이의 두뇌, 더 좋게 만들어주는 법

● Chapter 2

아이의 학습, 학업성취도를 높이는 법

● Chapter 3

아이의 정서, 내면을 단단하게 만드는 법

● Chapter 4

좋은 훈육, 아이 뇌에 상처주지 않는 법

● Chapter 5

부모의 태도, 인재로 성장시키는 법

● Chapter 6

성장 환경, 능력을 좌우하는 환경의 힘

Chapter 1

아이의 두뇌,

더   좋   게

만들어주는 법

01

●

아이의 DNA를 바꾸는
환경의 힘

엄마도 아빠도 지극히 평범한데, 아이를 천재로 키울 수 있을까요?

타고난 재능뿐 아니라 후천적인 환경과 교육이 능력을 좌우합니다!

평범한 부모 밑에서 자란 아이는 영특해지기 어려울 것이라고 짐작하지만 독일에서 3,600명의 아동과 그 부모들을 대상으로 조사한 바에 따르면, 부모가 천재나 수재가 아니더라도 머리 좋은 자녀가 태어날 수 있다고 합니다. 부모의 지능은 낮지만 아이의 지능은 월등히 높은 사례도 있습니다.[1]

'지능은 유전이 아니었어?' 하며 고개를 갸우뚱하는 독자들도 있을 텐데, 후성유전학epigenetics의 내용을 알고 나면 금세 고개를 끄덕일 것입니다. 후성유전이란 DNA 염기서열의 변화 없이도 유전자 발현 메커니즘에 변화가 생기고, 그 변화가 다음 세대로 유전되는 현상을 말합니다. 원래 인간의 유전자는 평생 변하지 않는다는 주장이 학계의 상식이었습니다. 하지만 최근에는 어린 시절에 어떤 경험을 하느냐에 따라 DNA의 특정 부분에 변화가 생겨서(주로 메틸화 또는 아세틸화) 유전자의 기능이 변한다는 연구 결과가 속속 발표되고 있습니다.

이는 곤충의 세계에서도 확인된 현상입니다. 미국 일리노이 대학교 연구팀은 공격성이 매우 강해서 살인벌killer bee이라고도 불리는 아프리카꿀벌Africanized honey bee의 새끼를 온순한 유럽꿀벌European honey bee에게 맡겨서 키우게 했습니다.[2] 갓 태어난 꿀벌은 겉모습이 크게 차이 나지 않기 때문에 유럽꿀벌은 살인벌의 새끼를 진짜 자기 자식으로 여기고 애지중지 키웠습니다.

그런데 놀랍게도 유럽꿀벌이 키운 살인벌의 새끼는 온화한 성격으로 자랐고, 살인벌이 키운 유럽꿀벌의 새끼는 폭군으로 자랐습니다. 유럽꿀벌이 난폭해진 이유는 부모 꿀벌이 내뿜는 경보 페로몬alarm pheromone 때문이었습니다. 유전자를 분석했더니 어린 시절 경보 페로몬에 노출된 새끼 꿀벌의 유전자 중 5~10%가 페로몬에 반응해서 공격성이 강해진다는 사실을 알 수 있었습니다. 요컨대, 유럽꿀벌의 새끼는 살인벌이 내뿜은 경보 페로몬이라는 환경적 요인의 영향을 받아 유전자가 변화한 것이지요.

이 연구는 아이의 능력이 선천적이냐 후천적이냐를 결정하는 오래된 논쟁에 하나의 기폭제가 되었습니다. 연구 결과에 대해서는 과학자들 사이에서도 여전히 의견이 갈리지만 최신 연구 결과들을 종합해보면, 후천적으로 유전자의 기능이 바뀔 수 있다는 주장에 힘이 실리고 있습니다.

제가 각계각층의 사람들을 만나며 느낀 점은 누구와 함께 시간을 보내느냐에 따라 능력 발휘 정도가 크게 달라진다는 점입니다. 가장 두드러진 분야로 스포츠 세계를 꼽을 수 있습니다. 담당 코치가 바뀌면 '그때 그 선수가 맞나?' 싶을 정도로 운동선수의 실력이 크게 발전하기도 합니다. 이는 선천적인 자질에 후천적인 환경이 더해지면 능력과 재능이 성장한다는 진실을 또렷이 보여주는 사례이지요.

여자 테니스 종목에서 세계 랭킹 2위에 빛나는 오사카 나오미大坂なおみ 선수가 대표적입니다. 오사카 선수는 2018년 전미 오픈 대회에서 일본인 최초로 우승을 거두고 이후로도 승승장구하는 일본 최고의 테니스 선수입니다. 그녀가 세계적인 선수로 우뚝 서게 된 터닝 포인트는 '코치 교체'였다고 합니다. 원래 오사카 선수는 수줍은 성격인데, 2017년에 새로 취임한 사샤 바진Sascha Bajin 코치가 자신감을 심어주면서 정신적 버팀목이 되었지요. 이후 오사카 선수의 실력은 활짝 꽃을 피웠고, 그랜드 슬램을 달성했습니다.

물론 유전적인 요소도 아이의 재능에 영향을 끼칩니다. 하지만 어떤 환경에서 자라고, 부모가 어떤 가르침을 주느냐와 같은 후천적인 요소도 분명 아이의 장래에 영향을 끼칩니다. 일란성 쌍둥이 조사에서도 성인이 된 쌍둥이들의 성격이나 행동 유형이 서로 일치하지 않는다는 분석이 발표되고 있는데, 선천적인 유전만큼 후천적인 환경도 아이의 성장에 많은 영향을 준다는 훌륭한 증거가 됩니다. 부모가 자녀에게 끼치는 영향력은 상상하는 것보다 훨씬 더 크고 깊습니다. 부모가 아이가 긍정적으로 성장할 수 있도록 돕는 지식을 많이 알고 있으면 좋은 영향을 많이 줄 수 있습니다.

+
플러스
뇌과학
이야기
+

복제동물 중에는 유전자는 일치하지만 겉모습이나 성격이 다른 경우도 있습니다. 고양이 레인보우와 2001년에 탄생한 세계 최초의 복제고양이 시시$_{CC}$(카피 캣$_{Copy\ Cat}$ 또는 카본 카피$_{Carbon\ Copy}$에서 따온 이름)가 그 예입니다. 이 둘은 유전자는 같지만 생김새가 전혀 달랐습니다. 레인보우는 털 빛깔이 노랑, 검정, 하양을 띠는 통통한 삼색 고양이였는데, 시시는 하양과 회색이 조합된 날씬한 얼룩 고양이였지요. 성격도 달라서 레인보우는 조용하고 차분한 반면, 시시는 호기심이 왕성하고 무척이나 활달했습니다. 레인보우와 복제고양이 시시는 유전자는 같아도 성격이 다를 수 있다는 사실을 보여준 좋은 본보기입니다.

●

떡잎만으로 섣불리
아이의 미래를 점치지 말자

아이가 또래 사이에서 전혀 존재감이 없는데, 괜찮을까요?

어린 시절에는 주목받지 못하다가 어른이 되어서 전 세계를 누비며 활약하는 사람도 많습니다!

자녀가 또래 집단에서 존재감이 없다며 불안해하는 부모들을 자주 만납니다. 저도 아이를 키우고 있지만, 이런 걱정은 부모라면 당연히 하게 되는 것 같습니다. 어려서부터 특별하게 주목받아야 어른이 되어서 주목받는 사람이 될 거라고 생각되어서 그렇겠지요. 하지만 세계적인 분석 결과를 보면, 어렸을 때 영특하던 아이가 어른이 되어서 성공하는 사례는 극히 드물고,

오히려 어린 시절에 평범했던 아이가 눈부시게 성공한 사례가 훨씬 더 많았습니다.

미국의 저명한 교육심리학자인 벤저민 블룸Benjamin Bloom 박사는 피아니스트, 조각가, 올림픽 금메달리스트, 테니스 선수, 수학자 등 세계적으로 탁월한 업적을 남긴 유명인 120명의 유년기를 조사했습니다. 그 결과 대부분 어린 시절에는 평범했고 특별하게 눈에 띄는 재능은 거의 찾아볼 수 없었다고 합니다.[3]

이를테면 상대성이론을 정립한 세기의 천재 알베르트 아인슈타인Albert Einstein은 어린 시절에 주목을 받기는커녕 말썽꾸러기로 보냈습니다(학습장애아 시기도 있었지요). 백신 실험 성공으로 예방접종을 전 세계에 상용화시킨 미생물학자 루이 파스퇴르Louis Pasteur는 프랑스 소도시에서 태어나 자라는 동안 그림 그리기에 소질이 있었을 뿐 어디에서나 볼 수 있는 지극히 평범한 아이였습니다. 학업 성적은 평균을 약간 밑도는 정도였다고 합니다. 하지만 교육 환경이 잘 갖추어진 파리에서 유학하면서 이후 위대한 과학자로서의 재능을 꽃피웠습니다. 농구 역사상 가장 위대한 선수로 일컬어지는 미국의 농구선수 마이클 조던Michael Jordan의 경우 아동기에는 천부적인 자질이 전혀 드러나지 않았고, 고등학교 시절에는 농구 팀에 들어가지 못하고 선발에서 제외되는 수모도 겪었습니다. 하지만 대학 입학 후 월등한 기량을 선보이며 농구 황제로 등극했지요.

거듭 이야기했듯이 인간의 능력은 유전자뿐 아니라 환경의 영향도 많이 받습니다. 인생이라는 여정에서 어떤 사람과 함께하느냐, 누구를 만나느냐, 어떤 경험을 하느냐, 어떤 환경에서 자라느냐에 따라 유전자는 바뀌고 재능의 꽃망울이 맺어지기도 합니다. 영국의 생물학자 찰스 다윈Charles Darwin, 독일의 음악가 바흐Bach, 폴란드의 천문학자 코페르니쿠스Copernicus, 영국의 물리학자 아이작 뉴턴Isaac Newton, 독일의 철학자 이마누엘 칸트Immanuel Kant, 이탈리아의 미술가 레오나르도 다빈치Leonardo da Vinci, 네덜란드의 화가 하르먼스 판 레인 렘브란트Harmensz van Rijn Rembrandt 등의 세계적인 위인들 역시 유년 시절은 지극히 평범했지만 어른이 되어가는 과정에서 잠재된 재능을 발견해 훌륭히 발휘했습니다.

아이들은 아주 사소한 일을 계기로 자신의 재능과 실력을 꽃피울 수 있으니 아무쪼록 아이를 믿고 사랑이 가득한 눈으로 지켜봐주시기를 부탁드립니다.

플러스 뇌과학 이야기

머리 좋은 사람은 머리가 크다는 속설이 있는데, 정말 그럴까요? 정답은 '그다지 관계없다'입니다. 성인 남성의 뇌 무게는 평균 1,300~1,500g인데, 천재로 일컬어지는 사람들의 뇌 무게도 평균을 크게 벗어나지 않습니다. 노벨 문학상에 빛나는 일본의 소설가 가와바타 야스나리川端康成의 뇌 무게는 1,425g이고(도쿄대학교에 보존되어 있습니다), 천재 과학자 아이슈타인의 뇌 무게는 1,230g밖에 되지 않습니다.

뇌과학에서는 뇌의 크기보다 신경망의 밀도가 지능에 영향을 끼친다고 하는데, '경험 횟수'가 신경망의 촘촘한 정도를 결정합니다. 요컨대 아이가 어떤 경험을 얼마나 하느냐에 따라 어른이 되어서 눈부신 성과를 거둘 수 있는지가 결정되지요.

●

재능은 지능만으로
설명할 수 없다

(Question)

지능이 낮은 아이는 이다음에 사회에 나가서 성공하지 못하나요?

(Answer)

지능지수와 사회적 성공은 별개의 문제입니다!

높은 지능지수IQ: Intelligence Quotient를 성공의 필수조건으로 인식하는 분들이 계신데, 꼭 그렇지는 않습니다. 미국 스탠퍼드대학교에서 IQ가 135 이상인 아동 1,528명을 60년 동안 장기 추적 조사를 했더니, 그들 중 사회에서 뚜렷한 성공을 거둔 사람은 손에 꼽을 정도로 드물고 대부분 평범한 인생을 살아간다는 사실이 밝혀졌습니다. 이 대규모 프로젝트를 담당한 루이스 터먼 Lewis Terman 교수(20세기 초에 활동한 미국의 심리학자)는 천재아동

연구를 필생의 과제로 삼아 오랫동안 천재들을 후원했지만 대다수가 평범한 직업에 종사했으며, 업무 성과도 터먼의 기대에 훨씬 못 미쳤다고 합니다. 더욱이 터먼이 후원하지 않은, 지능이 높지 않은 두 아이가 훗날 노벨상을 수상하는 이변을 낳았습니다.[4]

전 세계로 시야를 넓혀서 지능이 높은 나라나 지역을 꼽아보면 1위 홍콩, 2위 한국, 3위 일본입니다. 영국은 12위, 미국은 19위인데, 노벨상 수상자를 배출한 나라는 미국과 영국이 압도적으로 많습니다. 또한 영국의 교육 전문지 〈더 타임스 하이어 에듀케이션The Times Higher Education〉이 2000년 이후 노벨상 수상자(평화상과 문학상 제외)들의 출신 국가를 집계하니 1위가 미국, 2위가 영국, 3위가 일본이었습니다. IQ가 성공의 바로미터라면 IQ가 높은 국가일수록 학술계의 최고봉인 노벨상을 수상하는 확률이 높아야 하는데 그렇지 않은 거죠. 높은 지능지수가 세계를 변화시킬 만한 획기적인 발명이나 대발견을 보장하는 것은 아니라는 얘기입니다.

지능지수 세계 랭킹 2위를 자랑하는 한국에서는 1983년부터 정부가 앞장서서 영재교육을 실시하며 천재를 육성하는 프로그램을 추진했습니다.[5] 그런데 과학 분야의 노벨상 수상자는 아직 배출되지 않았습니다. 일본에서도 화제가 된 송유근은 어릴 때 IQ187이라는 놀라운 지능지수를 자랑하며 한국에서 천재소년으로 널리 알려진 인물입니다. 송유근은 물리학 분야에서 탁월한 재능을 인정받아 여덟 살에 대학교에 입학하며 미래의 노벨상 감이라고 기대를 모았습니다. 하지만 그는 박사 학위를 취득하지 못하고 스물한 살에 대학교를 떠났습니다. 송유근의 인터뷰 기사를 봤는데, 비범한 천재로 살면서 주위의 큰 기대에 극심한 부담감을 느꼈던 것 같습니다. 어쩌면 심리적인 영향으로 잠재력을 모두 꽃피우지 못했는지도 모릅니다.

하버드대학교 인지교육학 분야의 권위자인 하워드 가드너Howard Gardner 교수는 '인간의 지능은 8가지 다양한 능력으로 이루어져 있다'는 다중지능MI: Multiple Intelligences 이론을 제창했습니다.[6] IQ는 인간의 8가지 지능, 즉 언어 지능, 논리수학 지능, 시각·공간 지능, 음악 지능, 신체운동 지능, 대인관계 지능, 자기성찰 지능, 자연탐구 지능 중에서 단지 3가지 지능(언어 지능, 논리수학 지능, 시각·공간 지능)을 평가한 결과에 불과합니다. 우리 인간은 다재다능한 잠재력을 갖춘 존재로 언어·논리수학·공간 지능 이외에도 음악과 신체운동 지능(스포츠부터 손재주까지 신체 활동을 두루 아우르는 재능), 대인관계 지능, 심리적 지능과 분류 지능까지 폭넓은 능력을 지니고 있습니다(이어지는 글 '04. 아이가 좋아하는 것과 잘하는 것이 다를 때' 참고).

저도 여러 사람들의 재능을 분석하고 있지만, 누구나 아름답게 빛나는 재능을 지녔고 각자에게 훌륭한 역할이 주어져 있음을 매순간 실감합니다. 어른들이 이런 진실에 주목했을 때 아이들은 밝은 미래를 더 활기차게 맞이할 수 있습니다.

●

아이가 좋아하는 것과
잘하는 것이 다를 때

아이가 잘하는 것을 시켜야 할까요, 좋아하는 것을 살려줘야 할까요?

재능은 잘하는 것보다 좋아하는 것을 할 때 더 반짝입니다!

아이가 잘하는 것과 좋아하는 것 중에서 어디에 더 주목해야
하는지를 두고 전문가들도 다른 의견을 내고 있습니다. 저는
지난 10년 동안 경제계부터 스포츠계까지 성공한 사람들, 더욱
이 사회적 지위뿐 아니라 행복 지수가 높은 사람들을 만나 이
야기를 나누고 연구했습니다. 그러면서 내린 결론은 '좋아하는
일을 추구할 때 성공한 사람이 더 많다'입니다.

　일본에서 껍질째 먹을 수 있는 '몬게 바나나'를 개발한 다나

카 세쓰조田中節三도 좋아하는 일을 살려서 최고의 성과를 올린 대표적인 인물입니다. 다나카는 지구촌의 식량 부족 문제를 해결하겠다는 비전을 품고 40년에 걸쳐 한랭지에서도 수확할 수 있는 과일을 연구하는 아마추어 농업 연구가입니다. 언젠가 TV 방송에서 다나카의 인터뷰를 본 적이 있는데요. 진행자가 성공의 비결을 묻자 이렇게 대답했습니다.

"좋아하는 일을 포기하지 않고 꾸준히 했습니다. 그랬더니 매일, 아주 작지만 변화가 있었습니다. 그 변화가 모여서 희망에 점점 가까워지더군요."

주위에서 보면 엄청난 노력파로 보이지만, 정작 다나카 자신은 일을 놀이의 연장으로 여기기 때문에 힘들거나 고되다는 생각은 하지 않는 것 같았습니다.

좋아하고 즐길 수 있는 일을 할 때 우리 뇌에서는 의욕 호르몬인 도파민과 휴식 호르몬인 세로토닌 등 수많은 호르몬이 분비되고 그 결과 뇌가 활성화됩니다. 실제 미국 멤피스대학교에서 박사 과정을 밟고 있는 마이크 피즐리Mike Peasley는 '스스로 즐기고 몰두할 수 있는 목표를 설정한 사람일수록 목표 실현 가능성이 31% 높고, 수행력도 46%까지 앞선다'는 분석 결과를 발표했습니다.[7]

시가총액 1조 달러를 돌파한 페이스북Facebook(현재 '메타')의 공동 설립자이자 최고경영자인 마크 저커버그Mark Zuckerberg는 유아 시절부터 컴퓨터를 좋아해 늘 옆에 끼고 다녔다고 합니다. 저커버그는 좋아하는 것을 손에서 놓지 않고 몰두한 결과 열두 살에 '저크넷ZuckNet'이라는 사무용 메신저를 개발했고, 대학 시절에 페이스북을 설립해서 세계 최대의 소셜 네트워크로 일구어냈습니다.

저커버그가 어렸을 때의 일화가 있습니다. 귀가한 아빠에게 저커버그가 농구공을 사달라고 졸랐습니다. 농구공을 갖고 싶은 이유를 묻자 저커버그는 이렇게 대답했습니다.

"친구들은 다 농구공을 갖고 있단 말이에요. 농구공 없는 애는 나밖에 없어요!"

"남들이 갖고 있으니까 사고 싶다고? 그건 아니지. 그런 이유라면 농구공을 사줄 수 없단다."

저커버그의 아빠는 단호하게 거절했습니다. 아마도 '너도 나도 하니까 따라하는 것보다 정말 자신이 하고 싶은 일, 좋아하는 일을 추구하는 것이 무엇보다 중요하다'고 말해주고 싶었겠지요. 그러니 스스로 좋아하지 않으면 의미가 없다고 저커버그의 부탁을 일축한 것입니다. 얼마 후 저커버그는 TV로 펜싱 경기를 보다가 아빠에게 "아빠, 저 펜싱 배우고 싶어요!"라고 말하면서 이렇게 덧붙였다고 합니다.

"친구들이 하니까 하고 싶은 게 아니에요. 더 강해지고 싶어서 펜싱을 배우고 싶어요!"

그러자 아빠는 "그래, 그럼 한번 생각해보마"라고 답했고, 다음 날 저커버그의 방에는 선물 상자에 포장된 펜싱 장비가 놓여 있었다고 합니다.

'아이가 진심으로 하고 싶은 일, 정말 좋아하는 일이라면 아낌없이 투자한다'는 교육 철학을 갖고 있던 저커버그의 아빠는 어린 저커버그에게 펜싱, 컴퓨터 등의 흥밋거리가 생기면 바로바로 경험해볼 수 있게 해줌으로써 아이의 잠재력을 극대화시켰습니다.

그런 의미에서 '아이의 관심거리가 무엇인지, 아이가 무엇을 할 때 가장 집중하는지'를 생각해보세요. 그 대답은 아이의 재능을 발견하는 데 아주 중요한 정보가 됩니다.

제가 강연회에서 학부모나 기업체 인재개발 담당자들에게 강조하는 내용이 있습니다. 바로 '최고의 성과는 좋아하는 일 속에 숨어 있다'입니다. 앞에서 다중지능 이론에 해당하는 8가지 지능을 소개했는데, 저는 이 이론을 응용해서 재능을 10가지로 분류하고 있습니다. 아이의 관심사를 파악하셔서 아이가 어떤 재능을 가지고 있는지 힌트를 얻으시길 바랍니다.

[나만의 자랑거리를 찾아낸다! 우리 안에 존재하는 10가지 재능]

1. 말과 글을 좋아한다. → 언어 재능

2. 숫자를 좋아한다. → 수학 재능

3. 질문하기를 좋아한다. → 논리 재능

4. 그림 그리기를 좋아한다. → 시각·공간 재능

5. 음악을 좋아한다. → 음악 재능

6. 신체 활동을 좋아한다. → 신체운동 재능

7. 손으로 만드는 것을 좋아한다. → 장인 재능

8. 사람을 좋아한다. → 대인관계 재능(의사소통 재능)

9. 혼자 놀기를 좋아한다. → 자기성찰 재능

10.변화를 좋아한다. → 박물학 재능

위의 10가지 재능 중에서 '자기성찰 재능'은 3장 '02. 혼자 노는 걸 좋아하는 아이의 특징'에서 자세히 소개합니다. '박물학 재능'은 1장 '16. 놀이는 공부고 자기계발이다'를 참고해주세요.

+
플러스
뇌과학
이야기
+

조금 부끄러운 이야기지만, 저도 제 소질과 재능을 제대로 알지 못했습니다. 학창 시절에 물리와 화학 성적이 그나마 나쁘지 않아서 과학자를 목표로 공대에 진학했지만, 인생은 우연의 연속이라지요? 지금의 일을 하게 되면서, 상대방의 입가에 미소를 띠게 하려면 어떻게 하면 좋은지를 진지하게 고민하고(대인관계 재능), 상상을 현실에서 이루려면 어떻게 해야 하는지를 깊이 생각하는(자기성찰 재능, 마음의 메커니즘을 이해하는 재능) 시간이

저를 무척 설레게 한다는 사실을 깨달았습니다.

물론 이 일을 처음 시작하자마자 "잘하네요, 소질 있어요!" 하는 칭찬을 듣지는 못했습니다. 하지만 이 일을 하며 몰두하는 동안 숨어 있던 두 재능이 수면 위로 드러난 것 같습니다. 지금은 아이부터 어른까지 저마다의 장점과 단점에 귀를 기울이면서 그 사람의 능력을 끄집어내고 극대화시키는 카운슬링을 하고 있습니다. 30대까지는 제가 카운슬러로 활동하게 될 줄 정말 꿈에도 생각해보지 않았는데 말이지요.

현대사회에는 잘하는 것을 직업으로 삼는 편이 더 낫다는 분위기가 형성되어 있지만, 남보다 뛰어난 재능을 발휘하는 일을 하면서 기쁨을 전혀 느끼지 못하는 경우도 있습니다. 수학 성적은 1등이지만 수학 관련 일을 할 때는 전혀 설레지 않는 것이 그 예지요. 흥미 없는 일을 직업으로 삼으면 뇌 활동이 저하되기 쉽고 결과적으로 눈부신 성과를 내기 어렵습니다.

'아는 자는 좋아하는 자만 못하고, 좋아하는 자는 즐기는 자만 못하다'는 옛말은 뇌과학 측면에서도 옳은 이야기입니다. 이번 기회에 아이가 진정으로 좋아하는 것이 무엇인지 관찰해 보세요. 잠자고 있던 아이의 재능을 발견할지도 모릅니다.

05

●

세상을 이끄는 혁신가는
놀이터에서 탄생한다

Question

아이가 밖에서 놀기만 해요. 억지로라도 공부를 시키는 게 좋겠지요?

Answer

재능을 꽃피우려면 놀이가 굉장히 중요합니다!

아이가 매일 놀기만 하고 책을 멀리하면 아무래도 부모는 걱정
이 됩니다. 그렇다면 아이가 학교 공부만 파고들면 어떨까요?
그런 아이는 어떤 미래를 맞이할까요?

학창 시절의 공부벌레가 어떻게 자랐는지를 장기간 추적 조
사한 흥미로운 연구가 있습니다.

미국 보스턴칼리지의 캐런 아놀드Karen Arnold 교수는 1980~
1990년대에 미국 일리노이주에서 고등학교를 수석으로 졸업

한 학생 81명을 오랫동안 추적 조사했습니다.[8] 그 결과 95%가 대학에 진학했고, 학부 성적은 평균 평점GPA: Grade Point Average이 4.0 만점에 3.6점이었고(3.5점 이상은 '매우 우수'에 속합니다), 대학 졸업 뒤에는 90%가 전문직에 종사한다는 사실을 알 수 있었습니다. 하지만 세상을 획기적으로 바꿀 만큼 대성공을 거둔 사람은 한 명도 없었습니다.

이유는 다각도로 생각해볼 수 있습니다. 먼저, 학업 성적이 뛰어난 학생들은 대체로 선생님 말씀을 충실히 따르는 등 '성실, 자기절제, 순종' 성향이 높다는 점을 원인으로 꼽을 수 있습니다. 요컨대, 학업 성취도가 높은 사람은 선견지명을 가지고 세상의 시스템을 변화시키려 하기보다 현재의 시스템에 안주해서 안정적인 직업을 가지려는 경향이 더 강합니다.

우리 주위엔 대학을 나오지 않았어도 사회적으로 성공을 거둔 사람들이 아주 많습니다. 예를 들면 일본 굴지의 기업 혼다의 창업자인 혼다 소이치로本田宗一郎 회장이 중졸 출신이라는 것은 이미 널리 알려진 사실이고, 건축가 안도 다다오安藤忠雄 교수는 고졸 권투선수였는데 지금은 세계적인 건축가로 자리매김하며 하버드대학교에서 학생들을 가르치기도 했습니다. 일본에서 최고의 인지도와 파급력을 자랑하는 유튜버 히카킨Hikakin도 고졸로, 생계를 위해 슈퍼마켓에서 아르바이트를 했다고 합니다. 유명 연예인이나 할리우드 배우 중에도 학력이 높지 않은 스타는 셀 수 없을 정도로 많지요. 이들처럼 세상을 이끌어가는 혁신가들은 상식에 얽매이지 않는 자유로운 발상을 한다는 공통점이 있습니다.

지금까지는 주어진 일을 완수만 해도 충분히 높은 평가를 받을 수 있었습니다. 하지만 앞으로는 주어진 일에만 충실한 사람은 리더가 되기 어렵습니다. 앞으로의 리더는 자유로운 발상을 기반으로 혁신을 이끌어갈 창의력이 요구되기 때문입니다.

상식을 타파하는 창의력은 놀이를 통해 생겨납니다. 아기 사자들은 서로 티격태격하는 가운데 사냥의 기술을 익힌다고 합니다. 마찬가지로 아이들은 신나게 뛰어노는 과정에서 세상을 살아가는 지혜를 배우고 익힙니다.

일찍이 1960년대 미국의 신경심리학자 마크 로젠바이크Mark Rosenzweig 연구팀은 실험쥐를 이용한 실험에서 '놀이 도구가 풍부하고 또래가 많은 환경에서 자란 실험쥐의 뇌가 빈곤한 환경에서 자란 실험쥐의 뇌보다 더 활발하게 발달한다'는 내용의 논문을 발표했습니다.[9] 이후 수많은 학자들이 놀이를 통한 적절한 움직임과 자극은 유전자 스위칭에 작용하거나 유전자 변화를 통해 대뇌 신경세포의 수와 시냅스의 연결망을 증가시킨다는 사실까지 밝혀냈습니다.[10] 이와 같은 뇌과학의 연구 결과를 뒷받침하듯이 미국 위스콘신대학교의 조셉 마호니Joseph Mahoney 교수는 '방과 후 활동을 하는 아이일수록 성인이 되었을 때 학습 의욕이 왕성해진다'는 연구 결과를 예일대학교 재직 시절에 발표하기도 했습니다.[11]

공부도 중요하지만 놀이를 통해 호기심이 넓고 깊어져야 재능을 꽃피울 수 있습니다. 아무쪼록 공부뿐 아니라 놀이도 적절하게 하게 함으로써 아이의 성장에 균형과 조화를 꾀해주시기를 바랍니다.

06

●

TV가 아이 뇌에
미치는 영향

Question

집안일을 하느라 아이와 놀아주지 못할 때 아이에게 TV를 보여줘도
괜찮을까요?

Answer

아이의 TV 시청 시간이 늘어날수록 언어 발달이 더뎌집니다!

저도 두 돌 지난 아들을 키우고 있지만, 집안일은 해야 하는데
아이까지 보채면 어쩔 수 없이 TV를 켭니다. 정신이 하나도 없
는 상황에서 TV는 아이를 얌전하게 잡아두는 도구거든요. 그
런데 학계에서는 영유아의 TV 시청이 뇌 발달에 좋지 않다고
하니 조심해야 할 것 같습니다.

　특히 미국의 연구에서는 '생후 7~18개월 아이들의 TV 시청

시간이 길수록 언어 발달이 늦어진다'는 놀라운 사실까지 밝혀 냈습니다. 미국의 대표적인 어린이 교육 프로그램인 〈세서미 스트리트Seasame Street〉도 만 3~5세 아이가 시청했을 때는 교육적인 효과를 얻었지만, 만 3세 미만의 아이들에게는 언어 발달에 부정적인 영향을 끼쳤다고 합니다. 참고로, 프랑스에서는 최근 영아용 TV 방송 프로그램의 제작을 금지시켰으며, 미국소아과학회AAP에서는 '만 2세 이하의 아이에게는 TV를 보여줘서는 안 된다'고 권고하고 있습니다.

부끄러운 고백을 하자면, 저는 이런 연구 결과를 제대로 실천하지 못했습니다. 하루에 10분에서 30분, 길게는 1시간 정도 아이에게 TV를 보여줬거든요. 물론 영유아용 만화와 음악, 교육 프로그램을 보여주고 들려주면서 그나마 교육적이니 괜찮다고 안일하게 생각했지요.

사실 아이가 두 돌이 되기 전에는 TV가 아이에게 끼치는 유해성을 뚜렷하게 인지하지 못했습니다. 그러다 아이가 21개월이 되면서부터 TV를 안 보여주었더니 아이의 행동이 눈에 띄게 변하는 것을 느낄 수 있었습니다.

가장 큰 변화는 놀이 방식입니다. 이전에도 아이가 그런대로 잘 놀았지만, TV를 멀리하고 나니 주위의 온갖 사물들에 관심을 보이고 크레용으로 그림을 그리며 호기심의 범위를 넓혀갔습니다. 더불어 놀 거리가 훨씬 다양해지고 말하는 단어 수도 늘어나서 아이가 눈부시게 성장하고 있음을 실감할 수 있었습니다.

TV를 보고 있으면 아무래도 주변 사람들과의 의사소통 시간이 줄어들고, 그만큼 뇌 자극의 기회도 적어집니다. 하루아침에 TV 시청을 금지하는 일은 쉽지 않겠지만, 만 2세까지는 되도록 TV를 멀리하게 도와주셨으면 합니다. TV의 일방적인 자극과 인위적인 내용 대신 아이가 건전한 자극을 받을 수 있게 부모님의 반짝이는 아이디어를 발휘해주세요.

\+
플러스
뇌과학
이야기
\+

요즘 '스마트폰 육아'라는 말이 생겨났을 정도로 게임기나 스마트폰을 아이의 손에 쥐어주는 부모가 많습니다. 아이가 게임기나 스마트폰을 쥐는 순간 조용해지니 부모 입장에서는 수월하게 일을 볼 수 있고, 밖에서 주위 사람들의 눈치를 보지 않아도 되니 훨씬 편하지요.

하지만 게임이나 스마트폰에 장시간 노출된 아이는 의사소통과 같은 사회생활의 기술을 제대로 익히지 못하고, 타인의 표정을 헤아리는 배려심이 떨어진다는 연구 결과가 나왔습니다(3장 '05. 피할 수 없는 게임, 가장 효과적으로 하는 법' 참고). 짧은 시간이라면 크게 영향을 끼치지 않는다고 하니 '게임은 10분 이내로'처럼 적정 시간을 정해두는 것이 좋습니다.

며칠 전에 음식점에서 식사를 하는데, 바로 옆 테이블에 앉은 가족들의 대화 소리가 전혀 들리지 않았습니다. 고개를 살짝 돌려 봤더니 부모와 자녀 두 명까지 저마다 고개를 숙이고 스마트폰을 보고 있었습니다. 식사 시간 내내 거의 대화를 나누지 않더군요.

아이는 어른의 행동을 보고 자라납니다. 아무쪼록 아이 앞에서는, 더군다나 식사 시간만큼은 어른이 먼저 스마트폰을 멀리 두셨으면 합니다.

07

●

아이의 뇌와
달달한 간식의 상관관계

아이가 단것을 자주 찾는데, 괜찮을까요?

너무 많이 먹으면 안 되지만, 뇌 발달에는 포도당이 필요합니다!

결론부터 말하면, 간식 시간에 단것을 너무 많이 먹으면 식사를 제대로 챙겨 먹지 않게 되어 영양을 골고루 섭취하기 어렵습니다. 그러니 너무 단것은 간식으로 적당하지 않습니다.

하지만 뇌과학 관점에서 말하면, 아이들이 "배고파요!" 하며 시도 때도 없이 단맛 나는 간식과 먹을 것을 찾는 것은 당연한 일입니다. 아이들은 뇌 활동이 활발해서 어른보다 뇌의 열량 소비가 많기 때문입니다(성인의 뇌는 25%의 열량을 소비하지만, 아동의 뇌는 성인보다 두 배 많은 50%의 열량을 소비합니다). 그래서 아이에겐 간식으로 단것을 적당량 줄 필요가 있습니다. 아이가 간식을 원할 때 무조건 단것을 제외하면 혈당 수치가 떨어지고, 낮은 혈당은 인간의 의사결정을 관장하는 뇌 부위인 앞이마엽(전전두엽)의 활성도를 저하시켜 부정적인 감정을 제어할 수 없게 만듭니다.[12] 그 결과 사소한 일에도 버럭 소리를 지르는 버럭쟁이가 되기도 하지요.

반대로, 단것을 적당히 즐기는 아이는 뇌에 충분한 영양을 공급하기 때문에 앞이마엽이 제대로 활동해서 심각한 문제행동을 일으키지 않습니다. 실제로 미국의 연구에서는 '비행청소년으로 경찰에 검거된 아이들 가운데 90%는 저혈당'이라는 충격적인 분석 결과를 내놓기도 했습니다.

어린이집이나 유치원에서도 아이들의 문제행동 때문에 고민이 많은데, 영양 상태가 원인일 수 있습니다. 안타까운 현실이지만, 심각해진 빈부 격차로 아이에게 균형 잡힌 식단을 챙겨주지 못하는 가정이 분명 있어요. 영양 상태는 아이의 뇌 발달과 밀접한 관련이 있으니 만약 아이의 행동에서 문제가 발견됐다면 요즘 먹은 음식이나 간식을 점검해봐도 좋을 듯합니다.

영양을 골고루 섭취하는 일은 뇌 발달로 이어집니다. 그렇다면 균형 잡힌 식사는 아이가 부모의 사랑을 오롯이 느낄 수 있는 최고의 선물이 아닐까 싶습니다.

08

●

자주 싫증 내는 아이는
똑똑하다

Question

아이가 쉽게 싫증을 내는데, 괜찮을까요?

Answer

싫증을 잘 낸다는 건 머리가 좋다는 증거입니다. 자라면서 몰입할 거리를 반드시 만날 겁니다!

'싫증을 잘 내는 성격'이라고 하면 왠지 '끈기 없음', '인내심 부족'과 같은 부정적인 이미지가 먼저 떠오릅니다. 하지만 수많은 사람들을 만나 상담하고 분석해보니 무슨 일이든 빨리 넌더리내는 사람은 뇌 회전이 빠르다는 공통점을 발견할 수 있었습니다.

30대 남성 A가 상담을 요청해왔습니다. A는 어릴 때부터 무엇을 하든 금방 싫증을 냈는데, 어른이 되어서도 그렇다고 합니다. 새로운 일을 시작한 지 1년도 채 되지 않아 흥미를 잃고 이직을 되풀이하다 보니 이제는 걱정이 된다고 했습니다.

A와의 대화에서 가장 인상적이었던 말은 "새로운 일을 시작할 때는 너무너무 신나고 재밌어요!"였습니다. 하지만 금세 지루해하는 자신의 모습을 발견한다고 했습니다. 또 상담 시간에 제 눈을 사로잡은 A의 물건이 있었는데, 책상 위에서 빛나던 무지개 빛깔의 고급 볼펜과 필통이었습니다. 지금까지 한 번도 본 적 없는 멋진 필기구를 보는 순간 "우와, 정말 근사한 볼펜이네요" 하고 감탄사를 연발했더니 A가 신나 하며 이렇게 대답했습니다.

"이 볼펜은 8년째 쓰는 제 애착 펜이랍니다. 빛에 따라서 색깔이 달라져요. 환한 곳에서는 아름다운 그러데이션을 보이고, 어두운 곳에서는 마치 우주처럼 신비한 광택을 내뿜어서 지루할 틈이 없답니다."

그 순간 '아하, A는 호기심이 아주 왕성하구나' 하는 생각이 스쳤습니다. 뇌가 늘 신선한 자극을 원하기 때문에 하던 일을 그만두고 다른 일에 관심을 갖게 되는 것이지요. 다른 사례에서도 비슷한 상황을 경험했는데, 날마다 관심사가 달라지는 사람은 그렇지 않은 사람보다 학습 속도가 훨씬 빠르고, '더 이상 배울 게 없어!'라는 느낌이 '싫증 나!'로 자연스럽게 이어지는 것 같습니다.

그런데 싫증을 잘 내는 성격을 활용해서 크게 성공한 사람들이 있습니다. 유도만능 줄기세포(iPS 세포induced Pluripotent Stem cells)를 발견해서 2012년 노벨 생리·의학상을 수상한 일본 교토대학교의 야마나카 신야山中伸弥 교수가 대표적입니다. 그는 싫증을 잘 내고 연구 주제를 바꾸는 등 변덕이 심해서 학계의 비판을 많이 받았지만, 결국 아무도 뛰어들지 못한 연구 분야(iPS 세포)에서 획기적인 대발견을 이루어냈습니다. 꽤 오래 전에 야마나카 박사를 만난 적이 있는데 "학창 시절엔 엄청난 변덕쟁이였어요" 하며 환하게 웃던 모습을 지금도 기억합니다.

싫증도 훌륭한 재능의 하나입니다. 만약 아이가 한 가지 일에 집중하지 못하고 흥밋거리가 매일 달라진다면 총명함의 증거로 생각해주셨으면 합니다. 금세 질려 하는 이유는 학습 성취 속도가 매우 빠르거나, 아니면 애초 관심 분야가 아닌데(재능과는 전혀 관계없는데) 부모가 시켜서 했기 때문입니다. 그런데 자꾸 싫증 낸다고 혼나기만 한다면 아이는 점차 주눅이 들 겁니다.

지금은 어떤 것에든 싫증을 잘 내는 아이라도 다양한 놀이와 체험을 하다 보면 엄청난 집중력을 발휘할 수 있는 분야를 만나게 될 것입니다. 아무쪼록 아이가 자신의 재능을 찾을 수 있도록 느긋하게 지켜봐주세요.

09

말 잘 듣는 아이보다
말 안 듣는 아이가 낫다

Question

아이가 말을 듣지 않아서 너무 힘들어요.

Answer

규칙을 지나치게 강요하면 창의력이 쪼그라듭니다!

말 안 듣는 아이는 '문제아', 고분고분 말 잘 듣는 아이는 '착한 아이'라고 생각하는 어른들이 많습니다. 이와 관련해 솔깃한 연구가 있습니다.

독일의 심리학자인 힐데가르트 헤처Hildegard Hetzer 박사는 반항적(말 안 듣는) 행동이 유독 심한 만 2~5세 100명을 청년기까지 추적 조사를 했습니다.[13] 그 결과 그들 중 84%가 '강인한 의지와 분별력을 갖춘 어른'으로 자랐다는 뜻밖의 사실을 확인했습니다. 한편 부모 말을 잘 듣던 '착한 아이' 가운데 강인한 의지와 분별력을 갖춘 어른으로 자란 비율은 24%였다고 합니다.

말을 잘 안 듣는 아이들은 고집불통으로 생각될지도 모릅니다. 하지만 뒤집어 생각하면 '의지가 확고하고, 자기주장을 당당하게 펼칠 줄 아는 아이'라고 할 수 있지요.

이런 사실을 뒷받침하는 연구 결과도 있습니다. 2015년에 룩셈부르크대학교 마리온 슈펭글러Marion Spengler 박사 연구팀은 '규칙을 지나치게 잘 따르는 아이는 어른이 되었을 때 탁월한 성과를 내기 어렵다'는 조사 결과를 발표했습니다.[14] 연구팀은 1968년 당시 룩셈부르크에 사는 초등학교 6학년생들 중 지능 검사와 가정환경 조사를 받은 약 3,000명을 장기간 추적 조사하여 40년 후인 2008년에 어떻게 자라났는지를 확인했습니다. 그 결과 공부를 잘하고 좋은 평가를 받던 아이들은 성인이 되었을 때 대체로 좋은 직장에 다니고 있었습니다. 여기까지는 충분히 예상할 수 있는 내용이지요?

그런데 조사 결과에서 특징 하나를 발견했습니다. '규칙을 잘 지키던 아이'보다 '규칙을 지키지 않던 아이'가 더 높은 연봉을 받는다는 것입니다. 우리는 규칙을 잘 지키는 것만이 정답이라고 생각하기 쉽지만, 실은 어린 시절에 규칙을 지나치게 강요당하면 틀에 박힌 생각만 하게 되기 때문에 창의력이 쑥쑥 자라지 못합니다.

같은 맥락에서 흥미진진한 연구를 하나 더 소개하겠습니다.

2012년 미국 코넬대학교의 베스 리빙스턴Beth Livingston 박사 연구팀은 '협동심이 강한 남성은 수입이 낮다'는 사실을 밝혀냈습니다.[15] 연구팀은 사회인 약 9,000명을 대상으로 성격 유형 테스트를 실시했습니다. 테스트는 "5단계 평가 중에 1단계가 '논쟁이나 다툼을 좋아한다'이고, 5단계가 '협동심이 있다'라고 한다면 당신은 어느 단계에 해당하나요?" 식의 질문지 유형으로 이루어졌습니다. 그 결과 타인에게 협조를 잘하는 남성이 그렇지 않은 남성보다 연봉이 약 7,000달러 낮은 것으로 나타났습니다. 흥미롭게도 여성의 경우는 협동심에 따라 연봉이 크게 차이 나지 않았지만, 협조를 잘하는 여성이 1,100달러 정도 연봉이 낮았습니다. 요컨대 여성은 협동심과 수입의 관련성이 희박하지만, 남성은 연봉이나 승진에 협동심이 크게 영향을 끼친다는 것이지요.

태곳적부터 남자는 사냥으로 혹독한 시기를 버텨왔습니다. 사냥감을 손에 넣으려면 규칙을 따르는 것은 물론 순발력과 유연한 발상도 필요합니다. 현대사회의 비즈니스 현장에서도 타인에게 민폐를 끼치는 태도는 바람직하지 않지만, 지나치게 규칙을 고집하다 보면 참신한 발상이나 사업 기회를 놓칠 수 있습니다. 더욱이 주위 눈치를 살피고 타인의 시선에 예민한 사람들은 업무 추진력이 떨어질 수 있다는 연구 결과도 있습니다. 이 같은 연구 결과를 떠올린다면, 아이에게 규칙만 강조하는 훈육은 자제하는 것이 좋습니다.

10

●

아침형 인간으로
키워야 성공할까?

Question

아이가 아침에 제 시간에 일어나는 걸 너무 힘들어 해요.

Answer

늦잠꾸러기는 어쩌면 유전자 때문인지도 몰라요!

"아침에 아이 깨우기가 너무 힘들어요", "일찍 일어나야 하루를
알차게 보낼 텐데…" 이런 하소연을 강연회에서 자주 듣습니
다. 부모들의 이런 고민을 시원하게 해결해줄 명쾌한 연구 결
과가 2016년에 발표되었습니다. 바로 '아침형 인간과 저녁형
인간은 애초 유전자로 결정된다'는 놀라운 사실입니다.[16]

미국 캘리포니아의 DNA 분석 서비스 기업 23andMe는 8만
9,283명을 대상으로 '아침형 인간'과 '저녁형 인간'의 게놈을

분석했습니다. 그 결과 24개의 유전자 이외에 351개의 유전 요인이 기상 시간과 취침 시간에 영향을 준다는 사실이 발견되었습니다.

우리 조상들은 예부터 '아침 일찍 일어나는 새가 벌레를 잡는다'며 아침 일찍 일어나는 생활습관을 덕목으로 삼았습니다. 물론 아침에 주로 활동하는 종달새족은 이른 아침에 일어나면 그만큼 도움이 되겠지요. 하지만 저녁과 밤에 주로 활동하는 올빼미족이 억지로 아침에 일찍 일어나려고 하면 집중력이나 수행력이 떨어지고 맙니다.

몇몇 성공한 사람들이 새벽 4시에 일어난다는 말에 아침형 생활을 성공하는 사람들의 공통 습관으로 보는 경향이 있지만, 실제 연구 결과를 살펴보면 성공한 사람 중에는 아침형 인간도 있고 저녁형 인간도 있습니다. 예를 들어 독일의 수학자 카를 프리드리히 가우스Carl Friedrich Gauss와 미국의 소설가 어니스트 헤밍웨이Ernest Hemingway는 아침형이라고 전해지며, 미국의 발명왕 토머스 에디슨Thomas Edison과 프랑스의 철학자 르네 데카르트René Descartes는 밤에 참신한 발상과 사색을 즐겼다고 합니다. 그러니 자녀가 아침형인지 저녁형인지 먼저 파악하는 것이 아이의 뇌 발달을 효율적으로 도울 수 있지요.

참고로, 영국 러프버러대학교 수면연구센터의 짐 혼Jim Horne 교수와 스웨덴 미드스웨덴대학교의 올로브 오스트베르그 Olov Östberg 박사가 공동 개발한 '아침형–저녁형 설문조사MEQ:

Morningness-Eveningness Questionnaire'가 있습니다. 이는 전 세계 수면 연구학자들이 사용하는 문진표로, 19개 질문에 답하기만 하면 자신이 아침형 인간인지 저녁형 인간인지 진단할 수 있습니다. 덧붙이자면 저는 '준저녁형'으로 나왔습니다. 요즘은 인터넷을 통해서도 '아침형 인간, 저녁형 인간 체크리스트'를 구할 수 있으니 관심 있는 분은 자가진단을 해봐도 좋을 듯합니다.

11

보고 듣고 경험하면
뇌가 바뀐다

Question

아이의 성격을 바꿀 수 있을까요?

Answer

환경에 따라 변화하는 DNA가 우리에게 새겨져 있습니다!

성격은 타고난다고 생각하시나요? 그런데 '성격을 바꿀 수 있다'는 놀라운 사실이 최근 연구에서 밝혀졌습니다.

인간의 성격은 그 종류가 무궁무진하지만, 인종에 상관없이 성격을 만들어내는 주요 요소는 5가지입니다. 그것을 '성격 빅5 Big 5'라고 합니다. 이 이론은 세계적으로 인정받고 있으며, 머리글자를 따서 'OCEAN 모델'이라고도 부릅니다.

- **개방성** Openness
- **성실성** Conscientiousness
- **외향성** Extraversion
- **우호성** Agreeableness
- **정서적 안정성** Neuroticism

위의 5가지 요소가 유전과 어느 정도 관련이 있는지는 일본 게이오대학교에서 실시한 연구에서 확인되었습니다.[17] 일란성 쌍둥이 470쌍과 이란성 쌍둥이 210쌍을 대상으로 연구한 결과 성격을 만드는 5가지 주요 요소는 유전으로 결정되는 것이 아니며, 유전자의 영향은 30~50%에 불과했다고 합니다. 물론 이 숫자는 통계학에 바탕을 둔 수치입니다. 모든 개인이 반드시 그렇다고 단정할 수는 없지만, 집단으로 보면 대체로 이런 경향이 있다고 말할 수 있습니다.

이와 관련해 뇌과학 분야에서도 획기적인 사실이 발견되었습니다. 우리는 '어릴 때는 뇌가 변화하기 쉽지만 어른이 되면 변화하기 어렵다'고 상식처럼 여겨왔습니다. 하지만 '인간의 뇌는 나이가 들어서도 꾸준히 변화한다'는 사실이 밝혀진 것입니다. 이를 전문용어로 '뇌의 가소성'이라고 말합니다.[18,19,20] 이를테면 어린 시절에는 손도 못 대던 음식을 커서는 맛있게 먹을 때가 있는데, 이는 대뇌 시냅스 연결망의 변화로 새로운 신경망이 만들어졌기 때문입니다. 때로 책 한 권이 한 사람의 가치관이나 인생관을 송두리째 바꾸는 것도 뇌의 가소성을 단적으로 보여주는 사례입니다.

뇌의 변화는 생명의 역사를 거슬러 올라가면 쉽게 이해할 수 있습니다. 지구가 탄생한 이후 빙하기가 도래하거나 심각한 물 부족을 경험하는 등 생명체는 환경 변화에 휘둘리는 고난의 역사를 온몸으로 겪었습니다. 이때 기존의 행동이나 사고방식을 바꾸지 못한 생명체는 생존하지 못했습니다. 요컨대 변화무쌍한 환경에 시시각각 적응하며 변화를 꾀한 생명체만 살아남을 수 있었습니다. 인간도 마찬가지로, 환경에 맞춰 적절하게 변화하는 생명체의 훌륭한 생존 전략이 21세기를 살아가는 현대인의 DNA에도 새겨져 있습니다. 유치원에서 늘 울기만 하던 아이가 여행을 가서는 새로운 사람과 만나도 낯을 가리지 않는 것, 가르치는 선생님이 바뀌니 아이가 신기할 정도로 공부를 좋아하게 되는 것도 그 예입니다. 말하자면 아이의 성격, 사고방식, 좋고 싫음의 기준 등은 유전만으로 결정되지 않고 환경에 적응하며 변화하는 것입니다.

언어도 뇌의 변화에 영향을 끼칩니다. 사용하는 언어나 듣는 언어에 따라 성격과 생각이 어떻게 바뀌는지를 알아봤더니 언어를 통해 성격뿐만 아니라 신체 능력, 학습 능력, 심지어 업무 수행력까지 향상되는 것을 직접 확인했습니다.

어떤 환경에서 생활하느냐, 어떤 체험을 하느냐, 어떤 언어에 노출되느냐에 따라 우리의 뇌는 달라지고 생각까지 바뀝니다. 그러니 아이에게 어떤 말을 걸어주느냐, 어떤 경험을 하게 하느냐는 아이의 성격 형성에 매우 중요한 요소가 된다는 점, 꼭 기억해두시기 바랍니다(언어의 힘과 관련해서는 2장 '13. 매사에 의욕이 넘치는 아이의 비밀', 4장 '04. 엄하게 말하기 vs. 다정하게 말하기'와 '05. 이유를 말해주면 아이의 행동이 달라진다', '06. 아이에 따라 칭찬 방법과 횟수가 달라져야 한다', 5장 '01. 아이와 대화가 힘들다면 리액션부터 연습해라' 참고).

12

●

창의력은 어질러진 방에서,
끈기는 정리된 방에서 길러진다

Question

아이 방이 늘 뒤죽박죽 도깨비시장 같아요. 괜찮을까요?

Answer

창의력은 '어질러진 방'에서, 지구력은 '정리된 방'에서 자라납니다!

지금까지 여러 가정을 방문했는데, 자녀 방이 장난감과 책으로 뒤엉킨 가정도 있었고 모델하우스처럼 정리정돈이 잘된 가정도 있었습니다. 결론부터 말하면, 유아기까지는 아이가 지나치게 깔끔한 방에서 자라면 뇌 자극이 줄어들거나, 의사소통 능력과 정서 발달, 창의력 증진, 발육 속도 등에 나쁜 영향을 끼칠 수 있습니다.

어떤 교육 관계자에게 들었는데, 모델하우스처럼 완벽하게 정리정돈된 집에 사는 아이일수록 은둔형 외톨이가 되거나 등교 거부를 하는 사례가 많다고 합니다. 중학교 입시 전문가로 유명한 니시무라 노리야스西村則康 대표에 따르면 '초'미니멀리즘의 지나치게 텅 빈 공간은 아이에게서 사물을 조합해서 노는 기회를 앗아가고 의욕을 저하시킬 수 있다고 합니다.

미국 미네소타대학교의 캐슬린 보스Kathleen Vohs 교수는 인간의 창의력은 깨끗한 방보다 어질러진 방에서 더 높아진다는 연구 결과를 발표했습니다.[21] 48명의 학생들을 무작위로 '정돈된 방'과 '어질러진 방'에서 머물게 한 뒤 탁구공의 활용 아이디어를 되도록 많이 제출하게 했더니 아이디어 가짓수는 두 경우 모두 비슷했지만, 창의적인 아이디어는 어질러진 방에서 평균 28% 더 많이 나왔습니다. 더욱이 아이디어를 짜내는 속도도 어질러진 방에서 더 빨랐습니다.

세계적인 혁신가인 스티브 잡스Steve Jobs, 마크 저커버그는 물론이고, 천재 과학자 아인슈타인, 페니실린을 발견한 영국의 세균학자 알렉산더 플레밍Alexander Fleming 등이 책상 위에 온갖 잡동사니를 벌여놓고 작업했다는 것은 널리 알려진 사실입니다.

한편 미국 템플대학교의 그레이스 채Grace Chae 교수는 공간과 관련해 조금 색다른 연구 결과를 학계에 보고했습니다. 너저분한 방보다 깨끗한 방에서 일하는 것이 마지막까지 끈기 있게 작업을 완성할 가능성이 높다는 것이지요.

행동유전학 연구에서는 집 안의 정리정돈 정도를 나타내는

'CHAOS'라는 지표가 학업 성적과 관련이 있다는 사실을 밝혀 냈는데, 정리된 방에서 지내는 아이는 학업 성적이 좋은 사례가 더 많았다고 합니다(다만, 방을 정리하니까 성적이 향상되었다는 가설은 아직 입증되지 않았습니다).

그러니 아이의 창의력을 키워주고 싶다면 집을 너무 깔끔하게 정리정돈하지 않는 편이 낫습니다. 아이의 뇌는 적당하게 어질러진 방에서 더 크게 발달할 테니까요. "아이에게 창의력을 키워주고 싶을 때는 '잡동사니 방'에서, 끈기를 길러주고 싶을 때는 '정리정돈 방'에서"를 기억하세요.

13

●

산만함은 어떻게
보느냐에 따라 달라진다

Question

아이가 너무 산만해서 걱정이에요. 혹시 ADHD는 아닐까요?

Answer

산만한 행동은 커가면서 개선되기도 하니 너무 걱정하지 않아도 됩니다!

아이가 자리에 가만히 앉아 있지 못하거나 심하게 떠들거나 충동적이라서 단체 생활에 적응하지 못하면 주의력결핍과잉행동장애ADHD: Attention Deficit/Hyperactivity Disorder가 아닐까 걱정하게 됩니다. 하지만 차분하지 못한 성격은 앞이마엽이 아직 충분히 발달하지 못한 아이에게 나타나는 특징입니다. 산만하다고 해서 반드시 ADHD라고 단정할 수 없습니다.

설령 ADHD라고 하더라도 커가면서 증상이 개선된다는 연구 결과가 학계에 속속 보고되고 있습니다. 실제로 ADHD 진단을 받은 남자아이들 가운데 60%가 만 18세에는 증상이 호전되었다는 논문이 발표되기도 했고요.[22] ADHD 아동은 비ADHD 아동보다 대뇌에서 가장 겉에 위치하는 대뇌겉질(대뇌피질)의 발달이 3년 정도 더딘데, 그 차이가 10대 후반이 되면 보이지 않는다고 합니다.

좀 더 눈여겨볼 만한 통계를 소개하면, 프랑스는 미국에 비해 ADHD 발병률이 현저히 낮습니다. 소아정신과 심리치료사인 메릴린 웨지Marilyn Wedge 박사의 분석에 따르면, 미국에서는 ADHD 진단을 받고 소아정신과에서 치료를 받는 아동이 대략 9%인데 프랑스에서는 0.5% 이하라고 합니다.[23] 이 차이의 원인을 검증해나가는 과정에서 ADHD를 바라보는 두 나라의 사고방식이 크게 다르다는 사실을 알 수 있었습니다.

즉 "ADHD는 어떤 질병입니까?" 하고 미국 소아정신과 의사에게 물으면 대체로 이런 대답이 돌아옵니다.

"생물학적인 원인에서 비롯된 생물학적 증상입니다. ADHD 치료에는 향정신성의약품을 처방해야 하고요."

반면에 같은 질문을 프랑스 소아정신과 의사에게 던지면 이렇게 대답합니다.

"원인은 사회적·심리적 상황과 환경에 기인합니다. 약물치료 이전에 상담을 통해 사회적인 맥락에서 근본적인 문제를 찾아 개선해야 하지요."

미국에서는 ADHD 증상이 나타나면 질병으로 여기고 약물을 처방하지만, 프랑스에서는 약물치료 이전에 사회적·심리적 원인을 규명해서 근본 해결책을 고민하기 때문에 ADHD 진단을 받는 아이가 그만큼 적다는 것이 웨지 박사의 분석입니다.

또한 미국 조지아대학교의 패트릭 오코너Patrick O'Connor 교수 연구팀은 2016년 연구에서 중증 ADHD 환자들에게 20분동안 실내자전거 타기와 같은 운동을 하게 했더니 증상이 호전되었다는 획기적인 연구 결과를 발표했습니다.[24] 이 연구 결과 말고도 최근에는 주변의 관심과 운동 등의 환경에 따라 ADHD 증상이 나아졌다는 내용의 연구 분석이 잇달아 나오고 있습니다.

흔히 ADHD라고 하면 부정적인 이미지를 떠올리는 사람들이 많은데, 오히려 학계에서는 긍정적인 측면에 주목하고 있습니다. 예를 들어 '주의력이 부족하다'는 특징은 다른 관점에서 보면 '시야가 넓다'고 받아들여질 수 있지요. '충동적'이라는 특징은 '순발력이 있다(에너지가 넘친다)'고 볼 수 있고요. 이런 개성을 제대로 살려서 아이를 이끈다면 사회에서 훌륭한 성공을 거둘 수 있지 않을까요?

천재 과학자 에디슨은 어린 시절에 호기심이 남달라서 한가지 일에 집중하지 못하고 학교에서도 문제아로 홀대받았습니다. 하지만 에디슨의 능력을 믿었던 부모는 학교 대신 홈스쿨링으로 직접 가르쳤고, 그 결과 에디슨은 백열전등에서 전화기까지 혁신적인 기술을 탄생시킨 세계의 발명왕으로 우뚝 설 수 있었습니다.

물론 증상이 심하다면 전문가를 찾아 정확한 진단을 받아야 할 테지요. 하지만 ADHD 유전자가 아주 오래전부터 계승되었다는 사실을 고려하면 'ADHD 유전자가 인간의 생존에 필요한 건 아닐까' 하는 생각을 조심스럽게 해봅니다. ADHD를 개성으로 받아들이는 순간, 어쩌면 아이의 새로운 능력이 보일지도 모릅니다.

14

●

외향형인지 내향형인지에 따라
기억력이 다르다

Question

아이가 항상 덜렁대고 들은 것을 잘 기억하지 못하고 물건도 잘 잃어
버려서 걱정이에요.

Answer

기억력도 개성의 하나로 봐주세요!

아이가 덜렁대고 들은 내용을 잘 기억하지 못하면 부모는 속
상합니다. 하지만 천재로 일컬어진 역사적인 인물들 가운데 기
억력이 좋지 않은 위인도 많았습니다. 세계적인 예술가로 유명
한 파블로 피카소Pablo Picasso, 아메리카 대륙을 발견한 크리스토
퍼 콜럼버스Christopher Columbus, 천재 음악가 루트비히 판 베토벤
Ludwig van Beethoven, 진화론의 창시자 찰스 다윈은 어렸을 때부터

기억력이 나빴습니다. 그중 다윈은 기억력이 너무 나빠서 뭔가 생각이 떠오를 때마다 메모를 해야만 했습니다. 메모를 되풀이하는 과정에서 진화론이 탄생했고요. 천재는 기억력이 탁월할 거라고 생각하기 쉬운데, 반드시 그런 것은 아닙니다.

성향에 따라 기억력이 달라질 수 있다는 흥미로운 연구 결과가 있습니다. 영국의 저명한 심리학자인 한스 아이젱크Hans Eysenck 박사는 여자아이들 600명을 대상으로 기억력을 측정했습니다. 그 결과 외향적인 아이들은 사물을 이해하는 속도가 빨랐지만 기억력에서는 그리 높은 점수를 받지 못했습니다. 반면 내향적인 아이들은 이해 속도가 비교적 더뎠지만 외향적인 아이들보다 기억력이 훨씬 좋았습니다. 이와 관련해서는 다양한 이유가 거론되고 있는데, 이해도가 빠른 사람은 뇌에서 정보를 순식간에 처리하기 때문에 기억으로 정착시키기 어렵다는 주장이 설득력을 얻고 있습니다.

이러한 내용을 생각하면, 정보 처리가 빠른 외향형은 신속한 결정을 내려야 하는 직업인 경영자, 운동선수, 고객의 니즈를 파악해야 하는 서비스 직종에 유리하겠지요. 또한 내향형은 말수가 적지만 사물을 통찰하는 능력이 뛰어나기 때문에 한 가지 분야를 심도 있게 파고드는 직업에서 더 빛날 수 있습니다 (자세한 내용은 3장 '02. 혼자 노는 걸 좋아하는 아이의 특징' 참고).

15

●

지능이 좋아지는 운동은
따로 있다

Question

운동을 꼭 시켜야 할까요?

Answer

운동은 뇌 회전을 빠르게 하는 훌륭한 습관입니다!

운동은 아이의 학습 능력을 발달시키는 최고의 방법이라는 사
실이 여러 연구들을 통해 속속 입증되고 있습니다. 운동에 대
한 수많은 학술 논문들을 통합해서 정리한 연구[25,26,27] 결과에
따르면, 활발하게 운동하는 아이일수록 인지능력, 지능지수, 언
어능력, 수학 등 모든 분야에서 성취도가 높은 것으로 나타났
습니다. 이처럼 운동과 성적은 뚜렷한 상관관계가 있으며, 특히
만 4~7세와 만 11~13세 아이들이 영향을 크게 받는다고 합니

다. 글을 읽는 능력과 수학 성적은 달리기, 자전거 타기, 수영처럼 장시간 지속적으로 운동할 수 있는 능력(유산소 운동 능력)에 비례한다는 연구도 있고요.

여기에서 흥미로운 사실은 학습 능력과 근력(근육량)은 관련성이 희박하다는 점입니다. 요컨대 근육을 아무리 키우더라도 뇌 발달로 이어지지 않고, 근육 키우기보다 산소를 적당히 소비하는 운동을 많이 할수록 학력이 높아진다는 것이지요.

우리가 운동을 하면 뇌 속의 신경섬유에서 '미엘린myelin'이 활발하게 형성됩니다. 말하자면 신경세포에서 신경돌기를 돌돌 말아 싸는 덮개가 두꺼워지는 것인데, 미엘린은 신경 전달 속도를 2~10배가량 높이는 역할을 하기 때문에 운동을 하면 할수록 특정 부위의 운동을 관장하는 정보 처리 속도가 빨라집

운동할수록 '미엘린'이 활발하게 형성된다

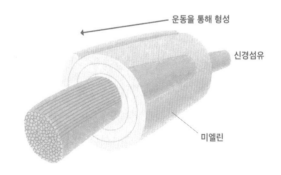

운동을 통해 형성

신경섬유

미엘린

운동으로 정보 처리 속도가 향상된다!

니다(즉 특정 작업에 대한 뇌 회전이 빨라집니다). 마치 초고속 정보통신망을 구축하는 것처럼 말이지요. 그렇잖아도 요즘 아이들은 운동 부족으로 신체 능력이 많이 떨어져 있는데, 이는 지적 능력 저하로 이어질 수 있습니다.

제가 만난 유능한 경영자들은 거의 대부분 스포츠 활동을 즐기고 있었습니다. 물론 이는 어디까지나 제 경험으로, 운동을 좋아하지 않아도 성공한 경영자는 분명 있겠지요. 하지만 과학적 연구 결과가 말해주듯이, 운동 습관을 들이면 성공에 좀 더 가까이 다가갈 수 있습니다.

얼마 전에 지방의 한 유치원에 강연하러 갔을 때의 일입니다. 공항에서 유치원까지 승용차로 이동했는데, 창문을 통해 본 시내 전경에서 즐비한 학원 간판이 인상적이었습니다. 놀란 마음에 원장 선생님에게 물었더니 이런 대답이 돌아왔습니다.

"요즘은 초등학교 때부터 학원에 가서 공부해요. 학원 안 가는 아이들이 없어요."

대도시가 아닌 지방의 자그마한 마을에서도 사교육 열풍이 거세다는 말에 크게 충격을 받았습니다. 저도 지방 출신이지만 어릴 때 공부한 기억이 거의 없습니다. 물론 학교 수업은 열심히 들었지요. 그 외의 시간은 밖에서 뛰어놀면서 또래와의 소통 방법이나 자연의 법칙 등을 실감나게 배웠던 것 같습니다.

공부도 해야 하지만 어릴 때부터 공부만 하다 보면 뇌 발달에 꼭 필요한 운동 시간이 그만큼 줄어듭니다. 학습 능력을 높이려고 열심히 공부하는데 정작 뇌 발달에 도움이 되는 운동을 하지 않는 건 주객이 전도되는 상황이 아닐까요? 대학생을 대상으로 한 연구에서도 성적이 우수한 학생들은 그렇지 않은 학생들에 비해 동적인 운동을 즐겨 한다는 사실을 확인할 수 있었습니다.[28]

거듭 이야기하지만, 운동은 뇌 회전을 빠르게 하는 훌륭한 습관입니다. 아무쪼록 자녀와 함께 몸을 마음껏 움직이며 운동을 즐겨주세요.

+
플러스
뇌과학
이야기
+

오르막길과 내리막길이 있는 언덕이나 정원이 딸린 유치원에서 자란 아이는 운동 능력이 뛰어난 것으로 나타났습니다.[29] 평평하기만 한 운동장보다 작든 크든 오르막길과 내리막길이 있는 지면이 아이들의 흥미를 돋우고 결과적으로 다양한 움직임을 이끌어내지요.

16

●

놀이는 공부고
자기계발이다

Question

아이가 포켓몬에 빠져 있어요. 괜찮을까요?

Answer

박물학 재능이 자라고 있는지도 몰라요!

"아이가 포켓몬스터에 푹 **빠져서** 하루 종일 캐릭터 카드만 갖고 놀아요. 괜찮을까요?"

강연회에서 만난 부모들이 자주 털어놓는 고민 중 하나입니다. 그런데 크게 걱정하지 않으셔도 됩니다. 아이가 어떤 것에 재미를 느끼며 몰입하느냐에 따라 재능을 파악할 수 있는데, 포켓몬스터와 같은 캐릭터 이름을 줄줄 꿰고 있는 아이라면 사물을 분류하는 박물학 재능이 높을지도 모릅니다.

같은 게임을 즐기더라도 하나의 캐릭터에만 관심을 보이는 아이가 있는가 하면, 모든 캐릭터를 모으는 아이가 있어요. 만약 수많은 캐릭터들을 완벽하게 꿰뚫고 있는 아이라면 캐릭터 사이의 공통점이나 차이점을 구별하는 재미에 푹 빠져 있을 것입니다.

이처럼 사물의 공통점과 차이점을 능숙하게 판별하는 능력을 '박물학 재능'이라고 합니다. 주위에서 보면 식물이나 동물, 공룡 이름을 줄줄 외는 아이가 있는데, 이런 능력이 바로 박물학 재능에 속합니다(재능의 종류에 대해서는 1장 '04. 아이가 좋아하는 것과 잘하는 것이 다를 때' 참고).

기차·자동차와 같은 탈것에 대한 관심이 높거나, 우표나 인형 등을 모으는 수집 취미가 있다면 박물학 재능이 커가고 있다는 증거입니다(어른이라면 세계문화유산을 즐겨 감상하는 사람, 와인 수집가, 고서 수집가 등이 여기에 속합니다). 박물학 재능을 갖춘 아이는 '분류'하기를 굉장히 좋아하기 때문에 이다음에 커서 수만 가지 상품을 다루는 일이나, 사물을 조합해서 새로운 것을 창조하거나 체계화시키는 업무에서 기량을 발휘할 수 있어요.

박물학 재능이 있으면 비즈니스는 물론이고 학자로도 명성을 떨칠 수 있습니다. 진화론을 정립한 찰스 다윈처럼 말이지요. 다윈은 생물 간의 공통점과 차이점을 분석함으로써 그 누구도 생각하지 못한 이론을 발표했습니다.

놀이를 포함해 아이가 몰입해서 활동하는 시간은 아이의 재능이 씨를 뿌리는 순간입니다. 자녀의 숨은 재능이 궁금하다면 지금 당장 아이가 푹 빠져 있는 놀이나 활동을 관찰하세요. 그 모습에서 정답을 찾을 수 있을 테니까요.

17

●

아들과 딸을 다르게
기를 필요는 없다

Question

남자아이와 여자아이의 뇌가 어떻게 다른지 알고 싶어요.

Answer

남자아이의 뇌는 입체 시각에 뛰어나고, 여자아이의 뇌는 색상 식별에 탁월합니다!

꽤 오래전부터 여자와 남자는 뇌 구조가 다를 것이라고 추측하는 학자들이 많았습니다. 하지만 현대 뇌과학에서는 뇌 구조에 남녀 차이가 없다는 것이 정설로 받아들여지고 있습니다. 예전에는 여자의 경우 우뇌와 좌뇌를 연결하는 뇌들보(뇌량)가 두꺼워서 이해심이 많다는 가설이 있었는데, 오늘날은 그 가설을 부정하고 있습니다. 남녀에 따라 크게 차이가 없다는 주장이 대세입니다.

다만 아이들과 함께 지내다 보면 '여자아이와 남자아이는 서로 다른 세계를 보는 건 아닐까?'라는 의문이 생기는 장면이 분명 있습니다. 장난감을 가지고 놀 때가 그러한데, 만 3세 유아에게 자동차 장난감과 소꿉놀이 장난감을 함께 건네면 남자아이는 대체로 자동차 장난감을 가지고 놀고 여자아이는 소꿉놀이 장난감을 가지고 놉니다.[30] 저도 유치원이나 어린이집 등에서 실험해보았는데 비슷한 결과가 나와서 당황한 적이 많습니다.

더 놀라운 사실은, 원숭이도 매한가지라는 점입니다. 원숭이에게 장난감을 건네면 수컷은 트럭 장난감을 가지고 놀고, 암컷은 인형을 가지고 노는 빈도가 압도적으로 높습니다.[31] 이런 사실에 비추어보면 종을 초월해서 어떤 부분에서는 남녀의 사고 유형이 다를지도 모른다는 추측을 하게 됩니다.

미국 뉴욕시립대학교 브루클린칼리지 연구팀에 따르면, 여자는 주어진 29가지 색상을 세밀하게 모두 구별하지만 그런 남자는 드문 것으로 나타났습니다.[32,33] 어느 방송 프로그램에서 실험했는데, 야경을 보여주었을 때 남자는 평균 8분 정도 바라보았고 여자는 평균 44분이나 감상했습니다. 여자의 경우 시각적으로 다양하게 색상을 구별해서 보기 때문에 야경을 더 오래, 더 아름답게 감상하는 것이지요. 여자친구가 "립스틱 색깔 어떤 걸로 고를까?" 하고 물어보면 "아무거나"라고 대답하는 남자가 많은데, 이런 무심한 대답은 대부분 남자의 색상 식별

능력과 관련이 있다고 할 수 있습니다.

　태곳적부터 여자는 자녀의 건강 상태를 확인하기 위해 안색을 살피는 능력이 발달했다고 알려져 있습니다. 같은 맥락에서 여자아이는 색상을 구별하는 능력이 탁월하다 보니 남자아이들보다 드넓은 세상을 볼지도 모릅니다.

　남녀의 두드러진 차이와 관련해 가장 유명한 사례는 공간 지각 능력의 하나인 '심적 회전mental rotation'입니다. 아래 그림을 보면 모양이 다른 입체가 하나 있습니다.

　찾으셨나요?

나의 심적 회전 능력은?

정답은 '오른쪽 맨 위' 그림입니다. 머릿속에서 사물을 회전시키는 힘을 심적 회전이라고 합니다. 남자아이는 생후 3~5개월경부터 사물을 회전시켜도 원래 사물과 동일하다는 것을 알지만, 여자아이는 대체로 잘 모른다고 합니다.[34,35]

이런 차이는 초등학생 때까지 크지 않지만 성장하면서 더 크게 벌어진다는 사실이 밝혀졌습니다.[36] '지도를 읽지 못하는 여자'라는 말이 있는데 이는 어디까지나 확률론이고, 공간지각 능력이 탁월한 여자도 분명 많습니다. 또한 남자아이는 여자아이보다 동적이고 공격적인 행동을 많이 합니다.[37] 선사시대부터 남자는 사냥을 하거나 다른 부족으로부터 생명을 지키기 위해 호전적인 성향이 아주 오랫동안 발달해왔는데 그 영향이지 않을까 추측됩니다.

덧붙이면, 심적 회전 능력은 수학 학습과도 관련이 있습니다. 공간지각 능력을 향상시키는 방법으로 3D 영상 게임이 효과적이라는 연구 결과도 있고요. 스포츠를 즐기는 사람일수록 공간지각 능력이 뛰어날 가능성이 높은 것으로 분석되었습니다.[38]

아직 연구 중이지만, 남자아이와 여자아이의 양육 방식이 달라야 한다는 이론도 있습니다. 하지만 전혀 초조해하거나 조급해할 필요는 없습니다. 남녀 관계없이 아이마다 개성을 살려주는 것이 정답에 가장 가까운 육아의 마음가짐입니다. 부모는 그런 마음가짐으로 자녀의 특징을 세심하게 지켜봐주면 됩니다.

여자의 뇌는 인생에서 두 번 크게 바뀐다는 사실이 최근 연구에서 밝혀졌습니다.

첫 번째는 초경을 맞이할 때입니다. 이때 뇌에서 기억을 담당하는 해마의 신경망이 약 25% 성장합니다(말하자면 뇌 회전이 빨라집니다).

두 번째 터닝 포인트는 출산입니다. 출산과 함께 뇌 구조에도 변화가 찾아오는데, 특히 공감 능력을 담당하는 부위(회백질)의 신경세포 활동이 활발해져서 공간 인지능력, 기억력까지 향상됩니다.[39] 아이를 낳은 뒤 여자의 변화는 출산 이후에도 2년이나 이어진다고 합니다. 여자의 뇌는 항상 진화하는 셈이지요. '여자는 정말 대단하구나!' 하며 감탄사가 절로 나오는 순간입니다.

18

●

임신 중에 먹은 음식이
아이의 지능과 입맛을 좌우한다

Question

아기가 배 속에서 자라고 있어요. 태아의 발달에 좋은 음식은 무엇이 있을까요?

Answer

생선은 아이의 뇌 발달에 좋은 영향을 줄 수 있습니다!

뇌와 마음 전문가로 활동하다 보니 "뇌 발달에 좋은 음식은 무엇인가요?", "임신했을 때 어떤 음식을 많이 먹어야 할까요?" 하는 질문을 종종 받습니다. 결론부터 말하면, 아이의 뇌 발달을 위해 어떤 것을 더 먹어야 한다는 과학적 이론은 아직 정립되지 않았습니다. 그도 그럴 것이, 모든 먹거리에는 우리 몸에 필요한 영양이 고루 들어 있기 때문이지요. 모범답안은 '균형 있게, 골고루, 맛있게 먹는 것이 가장 좋다'로 정리할 수 있겠습니다.

나만 임신기 식사와 관련해 흥미로운 연구가 있어서 소개합니다. '엄마가 임신 중에 생선을 먹으면 아이의 머리가 좋아진다'는 영국의 조사인데요.[40] 영국 브리스톨에 거주하는 임신부 1만 1,875명을 추적 조사했더니 임신 기간에 생선을 주 3회 이상 섭취한 여성의 자녀는 만 7세 시점에서 사회적 행동이 활발하고, 만 8세가 되었을 때 언어능력이 높았습니다. 또한 스페인 환경역학연구센터CREAL에서는 임신부가 생선을 자주 먹으면 태어난 아이의 인지능력이 높아지고 발달장애를 앓을 확률이 낮아진다는 연구 결과를 발표하기도 했습니다.

일반적으로 생선에는 수은이 들어 있어 임신기에는 생선 섭취를 제한해야 한다는 얘기도 있습니다. 하지만 최근에는 생선 섭취의 효과와 안전성이 속속 입증되고 있습니다. 이러한 추세에 발맞추어 2014년에는 미국 식품의약국FDA에서 임신부와 아동에게 수은 함량이 비교적 적은 대구나 조개류를 일주일에 227~340g 정도 섭취하도록 권고하고 있습니다.

참고로, 어류에 들어 있는 '오메가-3 지방산'은 신경 발달을 촉진시켜 지적 능력을 높일 수 있다는 점에서 주목을 받고 있습니다. 하지만 생선만 너무 많이 섭취하면 오히려 나쁜 영향을 줄 수 있으니 적절한 양을 맛있게 먹는 것이 좋습니다.

덧붙이자면, 임신했을 때 엄마가 즐겨 먹은 음식은 태어난

아기도 좋아할 가능성이 높습니다. 엄마 배 속에서 태아는 매일 1컵 정도의 양수를 마시는데, 엄마가 먹은 음식이 그대로 양수 맛에 영향을 끼쳐서 태아도 같은 맛을 체험하고 그 맛에 익숙해질 수 있습니다. 실제로 임신부에게 당근 주스를 하루 약 300ml씩 매일 마시게 했더니 태어난 아기가 성장하면서 당근 맛이 나는 시리얼을 즐겨 먹었다고 합니다. 임신 중에 특정 음식이 당기는 시기가 있는데 이때 맛있게 먹은 음식은 아이도 좋아한다는 속설이 입증된 셈이지요.

태아가 엄마 배 속에서 맛을 배우고 경험할 수 있다는 사실은 생명의 신비 그 자체입니다. 엄마와 아기가 서로 연결되어 있다는 뜻이기도 하고요. 아무쪼록 임신기에는 엄마와 태아 모두를 위해 맛있게 골고루 먹으면서 영양 관리에 신경 쓰기를 부탁드립니다.

19

임신 중 다이어트와
아이 비만의 상관관계

Question

산후 관리를 위해 임신 중에 다이어트를 하려는데, 괜찮을까요?

Answer

임신기에 엄마가 다이어트를 하면 아이는 비만아동으로 자라날 수 있습니다!

최근 SNS에서 임신한 연예인이나 모델 등의 근황 소개를 보고 임신 중에 다이어트를 계획하는 여성이 늘어나고 있습니다. 몇 몇 산후 클리닉에서는 체중을 엄격하게 제한하는데, 임신기에 지나치게 체중을 감량하면 태아의 건강에 나쁜 영향을 끼치기 쉽고, 그 아기가 비만아동으로 성장하거나 각종 생활습관병에 걸릴 위험도가 높다는 사실이 다양한 연구를 통해 밝혀지고 있

습니다.[41]

관련 연구 가운데 가장 유명한 것은 제2차 세계대전 당시 출생한 네덜란드 아동들의 통계 결과입니다. 전쟁으로 식량난이 심각했고, 그 영향으로 임신부들은 식사를 제대로 하지 못한 상태에서 열 달을 지낸 후에 출산을 했습니다. 이때 태어난 아기들이 어떻게 성장해나가는지를 추적 조사한 결과, 임신 내내 영양결핍이었던 엄마에게서 태어난 아이는 성인이 되었을 때 비만이 될 확률이 높았습니다.

그 원리는 이렇습니다. 엄마 배 속에서 태아는 충분한 영양분을 필요로 합니다. 그런데 이때 영양 공급이 제대로 이루어지지 않으면 세포는 열량이 부족하다고 위험 신호를 보내 엄마가 과식하게 만들고, 태아는 엄마 배 속에서 나온 뒤에도 영양분(지방)을 몸에 비축해두려고 합니다. 결과적으로 아이는 과체중으로 자라기 쉽지요.

최근 연구에서는 '임신부의 심각한 영양결핍이 태어나는 아이의 유전자 변화를 초래할 수 있다'는 충격적인 결과가 발표되었습니다.[42] 인간의 유전자는 죽을 때까지 동일하게 유지되는 것이 아니라 환경에 따라 변화하는데(자세한 내용은 1장 '01. 아이의 DNA를 바꾸는 환경의 힘' 참고), 특히 임신 초기에 굶주림을 경험한 태아는 엄마 배 속에서 이미 유전자 변형이 생겨서 출생 이후 평생 동안 비만해지기 쉽다는 내용입니다. 이런 유전자 변화는 조현병이나 당뇨병의 원인이 된다고 합니다.

임신기에 다이어트를 무리하게 하는 건 태아에게 위험천만한 행동입니다. 물론 임신부의 체중 관리도 중요하지만 무엇보다 엄마 배 속에서 무럭무럭 자라는 열 달은 아이의 인생에서 가장 뜻깊은 시기인지도 모릅니다. 사랑하는 자녀의 건강을 생각한다면 임신기의 균형 잡힌 영양이 중요하다는 점, 꼭 기억해주세요.

임신부의 영양결핍은 태아의 유전자 변화를 초래한다

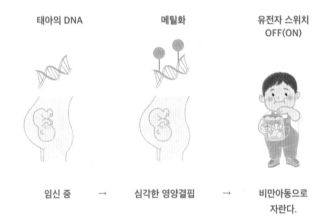

임신 기간에 심각한 영양결핍이 지속되면 태아의 DNA가
변화(메틸화methylation)해서 출생 후에도 아이는 평생 비만 체질로 지낼 수 있습니다.

Chapter 2

아이의 학습,

학업성취도를

높이는 법

혼잣말은 문제 해결력을 키우는 마법의 습관이다

Question

아이가 혼잣말로 중얼거릴 때가 많아요.

Answer

혼잣말하는 횟수가 많을수록 아이의 문제 해결력은 높아집니다!

결론부터 말씀드리면, 아이의 혼잣말은 전혀 걱정할 일이 아닙니다. 혼잣말을 심리학 용어로는 자기 자신과 대화한다는 의미에서 '셀프 토크self talk'라고 하는데, 머리가 좋은 아이일수록 자신의 내면과 대화를 나누는 경우가 많습니다.

전 니혼여자대학교 미야모토 미사코宮本 美沙子 교수 연구팀은 만 4~6세 아동 53명을 대상으로 퍼즐 맞추기 실험을 했습니다. 그 결과 문제(장애물)가 발생했을 때 아이들의 혼잣말이 늘어났고, 혼잣말하는 횟수가 많을수록 문제를 해결하는 능력이 높아진다는 사실을 발견했습니다.[1] '장애물을 뛰어넘는 힘', '문제를 해결하는 힘'은 오늘날 지능지수보다 더 중요한 능력으로 주목받고 있는데, 긍정적인 혼잣말은 어려움을 헤쳐 나가는 훌륭한 자기 암시가 됩니다(자세한 내용은 3장 '04. 놀면서 회복탄력성을 키우는 법' 참고).

독일 자를란트대학교의 요한 슈나이더Johann Schneider 박사 연구팀이 학생 203명을 대상으로 조사했더니 혼잣말, 즉 셀프 토크를 잘하는 학생일수록 적극적으로 문제를 해결하려고 노력하며, 어려움이 닥쳐도 '난 괜찮아!' 하며 긍정적으로 생각하는 것으로 나타났습니다. 일이 잘 풀리지 않으면 누구나 기분이 축 처지기 마련인데, 부정적인 생각이 들 때마다 셀프 토크를 하면서 자신을 다독이고 행동을 스스로 조절해 시련을 이겨내는 힘을 키우는 것입니다.

부모도 아이 앞에서 셀프 토크를 할 필요가 있습니다. 평소 부모가 긍정적인 셀프 토크를 자주 하면 아이도 부모의 셀프 토크를 흉내 내면서 자기 자신을 격려할 수 있어 마음이 더 건강해집니다. 부모는 마음이나 기분을 자녀 앞에서 좀처럼 드러내지 않으려 하는데, 곁에 있는 부모의 기분을 모르는 상황에서 아이는 불안감을 느끼기 쉽습니다. 그런 점에서 부모의 셀프 토크는 기분을 전함으로써 아이의 마음을 토실토실 살찌우는 유익한 기회입니다.

02

●

집중력이 낮다면
호흡부터 살펴라

(Question)

아이가 집중력이 부족한데, 혹시 이유가 있을까요?

(Answer)

코 막힘에서 비롯된 입호흡 때문인지도 몰라요!

"우리 애가 집중을 잘 못해서 걱정이에요. 어떻게 하면 좋을까요?" 하는 질문을 자주 받습니다. 그럴 땐 부모 옆에 있는 아이를 30초 정도 관찰한 후 "아이가 입으로 숨을 쉬다 보니까 집중력이 떨어지는 것 같네요" 하고 말씀드립니다.

지금까지 수많은 아이들을 지켜본 바에 따르면, 평소 입을 다물지 않는 아이일수록 집중력이 부족한 경우가 많습니다(물론 예외는 있지요). 말하자면 **입으로 호흡하면 집중력이 떨어지**

는 사례를 자주 접했습니다.

이러한 저의 경험치는 2013년에 발표된 한 논문을 통해 입증되었습니다. 그 논문은 '입으로 호흡을 하면 코로 호흡할 때보다 앞이마엽에서 산소가 더 많이 소비되기 때문에 뇌가 만성 피로에 빠지기 쉽고 집중력이 저하될 수 있다'고 밝히고 있습니다.[2] 또한 입호흡은 집중력 저하와 함께 학습 능력이나 업무 효율까지 떨어뜨립니다. 실제 만성 코 막힘으로 고생하던 아이가 병원에 가서 치료를 받았더니 곧바로 집중력이 좋아지고 눈에 띄게 활발해졌다고 합니다.

스웨덴의 카롤린스카 연구소Karolinska institutet에서는 '코호흡을 하면 기억력이 향상된다'는 놀라운 연구 결과를 발표했습니다. 연구팀은 19~25세 남녀 24명을 두 그룹으로 나누어서 기억력을 테스트했습니다. 어떤 대상을 기억하게 한 다음, 한 그룹은 코호흡으로 1시간 휴식을 취하게 하고 다른 한 그룹은 입호흡으로 1시간 휴식을 취하게 했습니다. 그 후에 얼마나 기억하는지를 체크했더니 코호흡을 한 그룹에서 기억력이 뚜렷하게 향상된 결과를 얻었지요.[3]

일본에서는 보육 아동의 22.8%가 입호흡을 한다는 실태 조사 결과가 발표되었는데요.[4] 코 막힘은 아이의 학습 능력 발달에 영향을 끼칠 수 있으니 아이가 조금이라도 호흡하는 걸 불편해하거나 유난히 집중력이 떨어져 있다면 곧장 병원에 데리고 가서 진찰을 받게 해주셨으면 합니다.

03

●

집안일을 잘하는 아이가
공부도 잘한다

Question

하루 일과 중에 아이가 반드시 해야 할 일이 있다면 무엇일까요?

Answer

집안일과 일기 쓰기를 적극 추천합니다!

아이가 어려서는 공부 잘하고, 커서는 자신의 분야에서 두각을 나타내며 사람들과 두루두루 잘 지내기를 원하시나요? 그렇다면 어린 시절부터 매일 이것만큼은 꼭 실천하게 해주세요. 바로 집안일!

미국 미네소타대학교 마티 로스만Marty Rossmann 교수는 미취학 아동 84명을 대상으로 집안일 습관을 조사했습니다. 그리고 그 아이들이 10세, 15세, 20세가 되었을 때 집안일 습관이 아이의 삶에 어떤 영향을 끼쳤는지 알아보았지요. 그 결과 만 3~4세에 집안일을 시작한 아이들은 10대에 집안일을 시작했거나 전혀 하지 않은 아이들에 비해 학교 성적이 좋고, 직장에서 인정받고, 가족이나 친구와 원만한 관계를 맺고, 자기 일은 스스로 해낸다는 점을 확인했습니다.[5] 하버드대학교의 한 연구에 따르면, 어린 시절에 집안일을 해본 아이일수록 어른이 되었을 때 마음이 건강할 확률이 더 높다고 합니다.[6]

어린 자녀에게 집안일을 시키면 일이 더 번거로워질 때가 많다 보니 아이에게 맡기지 않으려는 부모가 있어요. 하지만 아주 어릴 때부터 집안일을 해온 아이는 집안일을 통해 다양한 체험을 하는 것은 물론, 자기가 맡은 일에 대한 책임감이 생겨서 학교 공부도 소홀하지 않습니다. 그러니 아이를 진심으로 생각한다면 사소한 심부름이라도 좋으니 집안일을 습관으로 익히게끔 지도해주세요.

아이가 글을 깨쳤다면 하루 일과로 일기 쓰기도 추천하고 싶습니다. 일기를 쓰면 일상생활의 기쁨을 발견할 뿐 아니라 뇌 발달에 효과적이라는 연구 결과가 있습니다.

미국 웨인주립대학교의 마크 럼리Mark Lumley 박사 연구팀은 실험에 참가한 대학생 74명에게 일기를 쓰게 했습니다. 이때 두 그룹으로 나누어서 한 그룹에는 하루 동안 가장 인상 깊었던 일이나 오롯이 느꼈던 감정을 일기 내용으로 적게 했고, 또 다른 그룹에는 내일 무엇을 하고 싶은지를 적게 했습니다. 이후 시험을 쳤더니 자신의 감정을 글로 표현한 그룹에서 스트레스가 줄어들고 학습 능력까지 향상되었다는 분석 결과를 얻었습니다.[7]

　다른 연구에서도 자신의 감정을 타인에게 말하는 것보다 글로 쓰는 것이 스트레스를 줄이고 긍정적인 마음을 키워주는 효과가 있는 것으로 나타났습니다.[8,9] 고민이나 스트레스가 심해지면 대체로 학습 능력이 떨어지기 마련인데, 그런 마음 상태를 일기에 표현함으로써 마음의 부담을 덜고 학업 성취도를 높이는 효과가 있습니다.

　'집안일하기'와 '일기 쓰기'는 아이의 재능을 꽃피우는 굉장히 훌륭한 습관입니다. 물론 아이와 부모님이 함께 실천하면 효과가 두 배로 쑥쑥 올라가겠지요.

영어 학습 적기,
인생 설계에 따라 달라진다

유아기부터 외국어를 가르쳐야 할까요?

아이가 어른이 되어서 어떤 인생을 꾸려가고 싶은지에 따라 달라지 겠지요!

요즘 외국어 학습과 관련해 다양한 연구가 진행되고 있습니다. 과학자들 사이에서도 외국어 학습은 '한 살이라도 빠른 나이에 시작하는 게 좋다'는 의견과 '모국어가 정착되지 않은 상태에 서 외국어를 가르치면 뇌에 혼란을 가져와 건전한 사고력 육성 을 저해한다'는 의견이 팽팽하게 맞서고 있습니다. 다만 외국 어도 여럿이고, 외국어를 배우기 시작한 나이나 부모 중 한 사람이 원어민이냐 아니냐에 따라 학습 결과가 달라지기 때문에 '이것이 정답이다!'라고 딱 잘라 말하기는 어렵습니다.

여기에서는 외국어 조기 교육의 장점과 단점을 알아보면서 어떤 선택을 하는 것이 아이에게 더 나은지 그 기준을 잡는 데 도움을 드리려고 합니다.

먼저 단점을 꼽으면, 유아기부터 외국어를 배우면 모국어의 어휘력이 떨어집니다.[10,11] 뇌 발달이 아직 완성되지 않은 상태에서는 뇌의 용량이 어느 정도 정해져 있기 때문에 외국어를 익히면 아무래도 모국어 어휘력이 다소 줄어들 수 있습니다. 다만 두 가지 언어를 조합하면 모국어만 구사할 때와 어휘력 면에서 차이가 없다는 사실도 밝혀졌습니다. 또한 어렸을 때 외국어를 익혀 이중 언어를 구사하는 성인은 단어를 떠올리는 데 시간이 더 걸리거나 단어가 퍼뜩 떠오르지 않아 당황했던 경험이 많다고 합니다.[12]

이 얘기를 듣고 '그럼 우리 아이한테 영어 교육은 아직 이른가?' 하고 생각할 수도 있는데, 유아기에 외국어를 공부하는 장점도 확실히 많습니다. 뇌과학에서 가장 주목하는 장점이 '이중 언어 사용자는 사고법이 유연하다(전문용어로 '실행 기능이 높다')'는 점입니다.

만 4세 이하의 아이들은 규칙을 변경하면 새로운 규칙에 제대로 대처하지 못합니다. 하지만 두 가지 언어를 구사하는 만 3~5세 유아를 대상으로 규칙 바꾸기를 실험했더니 유연하게

대처하는 아이가 많은 것으로 분석되었습니다.[13]

이중 언어 사용자는 문제 해결력이 높다는 사실도 알려졌습니다. 다국어를 구사하는 아이는 단일 언어를 구사하는 아이보다 타인의 관점에서 사물을 바라보고 생각하는 능력이 높다고합니다. 또한 상대방을 쉽게 이해시키려면 어떤 언어를 구사해야 하는지 항상 고민하기 때문에 배려심도 키워지지요. 같은맥락에서, 다국어를 말할 수 있는 아이는 의사소통 능력이 탁월하다는 연구 결과도 있고요.[14,15,16]

세계로 시야를 넓히면, 이중 언어를 사용하는 나라는 전 세계 국가의 50%가 넘습니다.[17] 유럽 국가들은 대부분 2개 국어이상을 공용어로 채택하고, 인도의 경우 적어도 30가지 언어가 존재합니다. 일본이나 한국은 단일 언어를 사용하는 나라이기에 실감하기 어렵겠지만, 여러 언어로 소통하는 것은 그렇게특별한 일이 아닐지도 모릅니다.

발달심리학과 인지심리학을 전공한 일본 오차노미즈여자대학교의 명예교수 우치다 노부코内田伸子 박사에게 '몇 살에 해외로 떠났느냐에 따라 영어 습득률이 달라진다'는 흥미로운 이야기를 들은 적이 있습니다. 영어 독해력 편차를 보면 만 7~9세에 캐나다로 이민 간 아이들이 가장 성적이 좋았다고 합니다. 그다음이 만 10~12세에 이주한 아이들입니다. 만 3~6세에 떠난 아이들은 처음에는 실력이 쑥쑥 향상되지만 이후에는 향상속도가 더뎌졌다고 합니다. 이는 해외로 이주한 경우로, 자국에서 영어를 배울 때와는 다른 결과가 나올 수 있겠지요. 물론 발음은 차이가 날 수 있겠지만 초등학생 정도라면 언제 영어 공부를 시작하더라도 실력이 크게 뒤처지지 않는다는 사실을 의미합니다.

앞으로 아이가 어떤 인생을 설계하는지에 따라 외국어의 중요도는 달라집니다. 어른이 되었을 때 해외에서 생활할 것인가, 아니면 국내에서 활동할 것인가에 따라서도 외국어 조기교육의 필요성은 달라지지 않을까 싶습니다.

+
플러스
뇌과학
이야기
+

2013년 연구 결과에 따르면 '바이링구얼bilingual', 즉 이중 언어 사용자는 치매 발병 시기가 4년 6개월 정도 늦다고 합니다.[18] 또한 외국어로 대화할 때와 모국어로 대화할 때 성격까지 변할 수 있다는 사실도 보고되었습니다.[19] 이처럼 어떤 언어를 구사하느냐에 따라 우리의 뇌는 크게 영향을 받습니다. 인간의 사고력은 물론 건강 상태까지 좌우할 정도로 언어의 힘은 위대합니다.

05

●

그림을 제대로 못 그리는
원인과 해결책

Question

아이가 그림을 잘 그리게 할 방법이 있을까요?

Answer

허리를 숙여 가랑이 사이로 대상을 본 다음 그림을 그리게 하세요!

'미술 실력은 타고난 재능'이라고 생각하시는데, 최근 연구 자료를 보면 그림 실력은 천부적인 자질이 아닌 훈련을 통해 충분히 향상시킬 수 있다고 합니다.

이와 관련해 영국 골드스미스런던대학교에서 흥미로운 실험을 진행했습니다.[20] 연구팀은 실험 참가자들을 모아놓고 특정 대상을 보며 그림을 그리게 했습니다. 그러면서 참가자들이 그림을 그릴 때 어느 곳을 보는지, 대상을 얼마나 기억하는지 등을 자세히 조사했습니다. 분석 결과, 그림을 잘 못 그리는 사람일수록 '대상을 있는 그대로 보지 않는다'는 사실이 확인되었습니다. 이는 '그림 그리기가 서툰 사람들은 선입견을 갖고 지레짐작으로 대상을 본다'는 점을 시사합니다.

시각 정보는 뇌에서 처리되는데, 때때로 잘못된 선입견이 뇌에 영향을 끼치면 뇌는 눈에 비치는 진실과 다른 영상을 보여줍니다. 가장 이해하기 쉬운 사례가 사랑에 빠져서 상대방이 뭘해도 예뻐 보이는 현상이지요. 연애 초기엔 보이지 않던 연인의 단점이 사랑이 식는 순간 눈에 들어오면서 '저 사람한테 이런 모습이 있었나?' 하며 당황한 경험이 있을 거예요. '저 분, 정말 근사하고 멋진 분이셔!' 하는 맹목적인 선입견으로 상대방을 보면 표정은 물론 인품까지 훌륭해 보입니다. 그림을 그릴 때도 매한가지입니다. 편견이나 선입견에서 벗어난다면 대상을 정확하게 포착하고 그림 실력도 한층 발전시킬 수 있습니다.

이쯤에서 선입견을 없애려면 어떻게 해야 할지 궁금하실 텐데요. 선입견을 떨치는 방법은 의외로 간단합니다. '허리를 숙여 가랑이 사이로 세상을 보기', 이른바 '가랑이 사이로 보기'입니다. 처음에는 저도 반신반의했는데, 가랑이 사이로 보면 세상이 거꾸로 보이기 때문에 지금까지 보던 세상과는 전혀 다른 세상처럼 느껴집니다. 그러면 기존에 갖고 있던 뿌리 깊은 선입견을 떨쳐버릴 수 있습니다.

그런 의미에서 만 6세 아이가 가랑이 사이로 사물을 본 다음 그린 그림을 소개합니다. 아래 그림을 보면, 가랑이 사이로 세발자전거를 본 뒤에 그림을 그렸더니 실력이 나아진 모습을 한눈에 알 수 있지요.

어른들은 세상을 바라볼 때 자신만의 관점에 사로잡히기 마련입니다. 하지만 평소와 다른 관점으로 세상을 보면 기존의 선입견에서 벗어날 수 있습니다. 물론 어린아이에게 '가랑이 사이로 보기'를 훈련하기가 쉽지 않고, 만 5세 이하의 유아들에게 얼마나 효과가 있을지는 정확히 검증되지 않았지만, 자녀가

'가랑이 사이로 보기'를 하면 그림 실력이 쑥쑥!

아이에게 세발자전거를 그리게 하는 실험을 했습니다.

| 평소 자세로
그린 그림 | 가랑이 사이로
보면서 그린 그림 | 가랑이 사이로 본 뒤에
평소 자세로 그린 그림 |

대상을 정확하게 바라보는 관찰력이 발전하면서
그림 실력이 나아졌음을 또렷이 확인할 수 있습니다.

어느 정도 자랐다면 가랑이 사이로 보기를 통해 그림 실력을 향상시킬 수 있습니다.

덧붙이면, 가랑이 사이로 보기는 그림에 소질이 없는 어른도 효과를 톡톡히 볼 수 있으니 시간을 마련해서 아이와 함께 가랑이 사이로 세상을 바라보세요.

06

●

의성어를 외치면
운동 실력이 향상된다

Question

운동 실력을 발달시키는 방법을 알고 싶어요.

Answer

아이와 함께 우렁차게 소리를 내면서 운동해보세요!

어느 유치원을 방문했을 때의 일입니다. 마침 체육 시간이었는데 한 남자아이가 뜀틀을 뛰어넘지 못하고 안절부절못하고 있었습니다. 다른 아이들은 폴짝 잘도 넘는데 그 아이만 가만히 서 있었지요. 잠시 그 아이를 관찰했더니 운동에 필요한 '이것'을 하지 않는 듯했습니다. 그래서 아이에게 다가가서 살짝 귀띔해주었습니다. 몇 주 뒤, 그 아이는 뜀틀을 폴짝폴짝 뛰어넘을 정도로 운동 실력이 좋아졌습니다.

과연 제가 그 아이에게 귀띔한 말은 무엇일까요? 대단한 비법은 아니고, 아주 간단한 방법입니다.

그것은 바로 소리 내면서 운동하기! 소리 중에서도 '멍멍', '땡땡', '우당탕'처럼 사람이나 사물의 소리를 흉내 낸 의성어는 운동 실력을 높이는 효과가 있습니다. 의성어는 소리나 리듬에 가깝기 때문에 청각에서 운동을 관장하는 소뇌를 자극해 운동 기능을 높이는 것으로 알려져 있습니다. 그래서 아이에게 "'통통 팍!' 하고 외치며 리듬을 느끼면서 뛰어"라고 전했는데, 눈에 띄게 효과가 나타났던 것이지요(실제 소리를 내도 좋고 마음속으로 말해도 괜찮습니다).

이와 관련해 일본 와세다대학교 언어과학연구소 후지노 요시타카藤野良孝 박사는 "최고의 운동선수는 운동할 때 기합으로 의성어를 곧잘 활용한다"고 했습니다.[21]

구체적인 사례를 소개하면, 2021년 도쿄올림픽 여자 탁구 스타 김유빈 선수는 특유의 기합 소리로 많은 사랑을 받았습니다. 지금은 사업가로 맹활약 중인 세계 최고의 테니스 스타 마리아 샤라포바Maria Sharapova도 샷을 날릴 때 "아악" 하고 우렁차게 기합을 넣었습니다. 선수들의 이야기를 들어보면, 기합 없이 경기를 하면 왠지 흥이 나지 않거나 만족할 만한 결과가 나오지 않는다고 합니다. 일본 프로야구의 전설 나가시마 시게오長嶋茂雄 종신명예감독이 선수들을 지도할 때 즐겨 외친 '푸웅 하고 오면 빵 하고 친다'는 일화는 너무나 유명합니다. 이렇듯 최고의 선수는 운동을 할 때 의성어를 외침으로써 자신의 기량을 더 높입니다.

실제로 의성어를 외칠 때와 의성어를 외치지 않을 때 선수들의 퍼포먼스가 확실히 달라진다는 점도 밝혀졌습니다. 강연회에서 "으랏차차" 하고 외치면서 악력 변화를 관찰하는 실험을 한 적이 있는데, 평소보다 5~15% 정도 힘을 더 낼 수 있어서 참가자들도 깜짝 놀랐습니다.

의성어 외치기는 철봉 매달리기나 골프, 야구, 축구 등의 스포츠에서 활용할 수 있습니다. 꼭 아이와 함께 해보세요. 어떤 의성어를 외치면 좋은지는 운동 종류에 따라 달라지겠지요? 놀이를 하듯 다양한 의성어를 만들다 보면 재미와 효과라는 두 마리 토끼를 잡을 수 있습니다.

●

07

잘하는 것과 서툰 것의 더블 챌린지로
학습 역량을 높인다

Question

서툰 건 잘할 때까지 반복해서 연습시켜야 할까요?

Answer

잘하는 것부터 해야 자신감을 얻고 자신 없는 것에도 도전할 마음이 생깁니다!

아이에게 어떤 능력을 길러주고 싶은데 부족하거나 제대로 못할 때, 예전에는 그 능력을 집중 훈련해야 한다는 교육법이 지배적이었습니다. 하지만 서툰 것만 파고들면 그 능력이 발달하기 어렵다는 사실이 최근 연구를 통해 밝혀졌습니다. 오히려 잘하는 것부터 파고들어서 자신감을 얻은 후에 서서히 못하는 것에 도전하는 것이 아이의 능력을 무한대로 끌어올릴 수 있습

니다.[22]

누군가 여러분에게 '숫자를 82자릿수까지 외워보세요' 하면 어떻게 할 건가요? 어떤 방식으로 숫자를 외울 건가요? 아마 시작도 하기 전에 포기할지 모릅니다. 하지만 효율적으로 암기하는 방법이 있습니다.

처음에는 쉽게 외워지는 범위(예를 들면 5자릿수)부터 외워서 익숙해지면 한 자릿수씩 늘려갑니다. 이런 방식으로 도저히 불가능할 것 같았던 자릿수(예를 들면 9자릿수)까지 외울 수 있습니다. 이후에는 9자릿수를 거듭해서 암기하는 것이 아니라 2자릿수를 줄여서 7자릿수부터 다시 연습해봅니다. 이렇게 훈련하면 암기 범위가 단계적으로 늘어나 1주일에서 2개월 정도 연습하면 20자릿수는 거뜬히 외울 수 있습니다(물론 얼마나 많이 외우느냐에 따라 결과는 다르겠지요).

실제 미국의 한 남성이 이런 암기법으로 82자릿수의 숫자를 완벽하게 외웠다고 합니다. 미국 TV 방송에도 소개되었지요.

[82자릿수 숫자를 암기한다]

0326443449602221328209301020391832373927

7889172676532450377461201790943455103555530

농구선수들은 자유투 연습을 할 때 먼저 자신 있는 위치에서 슛을 넣고 조금씩 거리를 넓히면서 자유투를 훈련하는 것이 정석이라고 합니다. 즉 잘할 수 있는 영역에만 머무르면 실력이 향상되지 않습니다. 서툰 영역만 집중해서 노력해도 실력이 늘어나지 않아요. 잘할 수 있는 것, 서툰 것을 동시에 진행하는 것이 중요합니다. 이를 '더블 챌린지double challenge'라고 부르는데, 학습이든 스포츠든 다양한 영역의 기량 향상에 아주 유용한 방법입니다.

다른 연구 조사에서도 '같은 연습만 반복하는 것보다 두 가지 연습을 번갈아 하는 것이 능력을 신속하게 끌어올릴 수 있다'는 결과가 발표되었습니다. 훈련을 하고 그 중간성과를 점검하면서 좀 더 새로운 방식으로 연습하면 무한한 가능성을 실현할 수 있습니다.

아이부터 성인까지 재능을 단련하는 코칭 워크숍을 하다 보면 종종 경이로운 발전을 발견합니다. 영업부 매출이 단기간

기량 및 능력 향상의 비밀

서툰 것만 연습하지 말고, 우선은 잘하는 것부터 시작해 자연스럽게 자신 있는 범위를 넓혀갑니다. 이를 '더블 챌린지'라고 합니다.

에 수직 상승하거나, 스포츠 전국대회에서 우승하거나, 단박에
상위권으로 학력이 올라가는 등 감동적인 성과를 보여주지요.
'사람은 누구나 천재가 될 수 있다'는 말은 과학적으로 근거가
있는 말이라고 저는 확신합니다.

08

기억력을 높여주는
아주 사소한 생활 습관

Question

기억력을 높이는 방법, 없을까요?

Answer

장소 바꾸기, 운동하기, 물 마시기 등의 방법이 있습니다!

공부를 하든 새로운 분야에 도전하든 기본이 되는 능력이 기억력입니다. 자녀의 기억력이 약하다며 걱정하는 부모들이 많은데, 뇌과학 분야에서 밝혀진 '손쉽게 기억력을 높이는 방법'을 몇 가지 소개해드리겠습니다.

첫 번째 방법은 '장소 바꾸기'입니다. 자신의 분야에서 능력을 발휘하는 사람들 가운데 기억력이 탁월한 사람들을 조사해보니 공통적으로 '공부를 하거나 업무를 볼 때 장소를 자주 바꾸는 습관'이 있었습니다. 이를테면 오전에는 사무실에서 일하고, 낮에는 점심을 먹으면서 미팅을 하고, 카페에서 서류를 정리하며, 저녁에는 집에서 기획안 작성에 집중하는 식으로 일하는 장소를 자주 바꾸었습니다.

미국 미시간대학교가 실시한 연구에서는 장소를 바꾸는 것만으로 기억력이 50%나 향상된다는 결과가 나왔습니다.[23] 단어를 두 번에 나누어서 10분 안에 외우는 실험을 했는데, 첫 번째 그룹은 두 번 모두 같은 방에서 외웠고, 두 번째 그룹은 매번 다른 방에서 외웠습니다. 그 결과 같은 방에서 단어를 외운 그룹은 평균 16개의 단어를 맞혔고, 매번 다른 방에서 단어를 외운 그룹은 평균 24개의 단어를 맞혔습니다.

한 장소에서 학습하면 뇌가 그 공간에 익숙해져 뇌 활동이 둔해집니다. 하지만 공간에 변화를 주면 새로운 환경을 통한 오감 자극이 뇌에 전해지기 때문에 뇌 활동이 전체적으로 활발해집니다. 요즘의 대학생들은 집에서뿐만 아니라 도서관이나 카페에서 즐겨 공부한다는 이야기를 들었는데, 공부 공간을 바꿈으로써 학습 효과가 극대화되는 이점을 누리는 것이지요.

두 번째 방법은 '운동하기'입니다. 2017년 캘리포니아대학교 어바인캠퍼스와 일본 쓰쿠바대학교가 공동으로 실시해 학계에 발표한 연구 결과에 의하면 '가벼운 운동을 10분만 해도 기억력이 좋아진다'고 합니다.[24]

아일랜드 더블린대학교 연구팀은 '30분 동안 에어로빅을 한 뒤에 기억력이 향상되었다'는 분석 결과를 학술지에 발표했습니다.[25] 이 연구에서 실험 참가자들의 혈액을 검사했더니, 운동 후에는 기억과 학습을 담당하는 신경세포의 발달을 촉진하는 '뇌유래신경성장인자BDNF: Brain-Derived Neurotrophic Factor'의 수치가 눈에 띄게 높아졌습니다. 또한 학습을 마치고 4시간 뒤에 하는 운동도 기억력을 높이는 효과가 있다는 사실이 밝혀졌습니다.[26]

세 번째 방법은 '물 마시기'입니다. 아이들에게 물을 250~300ml 마시게 했더니 이후 기억력이 좋아졌습니다.[27,28] 또한 작업 전에 물을 마시면 집중력과 주의력 등의 반응 시간이 증가한다는 사실도 실험을 통해 밝혀졌습니다.[29] 우리 몸의 50~75%가 물로 채워져 있다는 점을 감안하면, 수분이 부족할 경우 모든 면에서 능력을 제대로 발휘할 수 없다는 사실이 이해가 됩니다. 특히 아이는 어른에 비해 운동량이 많기 때문에 수분이 부족해지기 쉽습니다. 충분한 수분 공급이 아이의 뇌 발달에 중요하다는 점, 꼭 기억해두세요.

09

수학의 쓸모를 알아야
수학 천재가 될 수 있다

Question

수학 잘하는 방법 좀 가르쳐주세요.

Answer

우선 어휘력을 높여주고, 수학을 배우는 목적을 확실하게 알려주세요!

대학 시절, 제 주위에는 '수학 천재'로 불리는 친구들이 몇 명
있었습니다. 당시 그 친구들에게 수학이 뭔지를 물었는데 "수
학은 우주의 수식이야!" 혹은 "세계는 숫자라는 멜로디로 이루
어져 있지"라며 유려한 표현으로 설명해주던 모습을 지금도 또
렷이 기억하고 있습니다.

연구 결과에 의하면, 초등학교 때 수학을 잘하는 아이들은
유치원 시절 언어능력(어휘력)이 높다고 합니다. 또한 초등학생

들의 경우 공부 잘하는 아이와 못하는 아이의 어휘력을 비교해 보면 초등학교 1학년생의 경우 약 3.5배, 초등학교 6학년생의 경우 약 4.4배 정도 차이가 난다고 합니다.

[초등학교 1학년생의 어휘력]

- 학업 성취도가 낮은 학생 → 2,000단어
- 학업 성취도가 높은 학생 → 7,000단어 (3.5배)

[초등학교 6학년생의 어휘력]

- 학업 성취도가 낮은 학생 → 8,000단어
- 학업 성취도가 높은 학생 → 3만 5,000단어 (4.4배)

아이의 어휘력은 다양한 단어로 말을 걸어줄수록 쑥쑥 늘어나고 학습 능력도 향상됩니다. 우리는 사물을 생각하고 표현할 때 반드시 언어를 사용합니다. 이때 구사하는 단어가 적으면 아무래도 생각하는 힘(사고력)이 쪼그라들겠지요. 어휘력도 유전이 되느냐고 묻는 부모들이 있는데, 행동유전학 연구에서는 '어휘력의 유전 확률은 약 25%이고 후천적인 환경에 따라 충분히 어휘력을 발달시킬 수 있다'는 점에 주목하고 있습니다.

어휘력이 선천적인 능력이 아니라 환경에 의해 좌우된다는 사실은 어린아이들을 보면 실감할 수 있습니다. 어린아이들은 어떤 나라를 방문해도 금세 해당 나라의 언어를 익힙니다. 어쩌면 어휘력은 누구에게나 공평하게 주어진 재능인지도 모르지요.

아이가 수학을 좋아하지 않아서 걱정인 부모들의 고민을 덜어드릴 만한 소식도 있습니다. 어릴 때 수학을 못해도 이다음에 수학의 달인으로 성공하는 사람들이 많다는 사실입니다. 《도쿄대생이 생각해낸 마법의 수학 노트》의 공동 저자이자 항공우주공학 박사로서 벤처기업을 창업한 난부 요스케南部陽介 대표가 바로 그 주인공입니다.

난부 박사는 중학교 때까지 수학 성적이 거의 바닥이었다고 합니다. 정해진 규칙을 매뉴얼대로 해야 하는 학교 수업 방식에 염증이 나서 학창 시절에는 수학 공식을 외우기는커녕 블록이나 RPGRole-Playing Game에 푹 빠져 지냈다고 합니다. 그런 난부 박사가 고등학교에 입학하면서 수학의 묘미를 조금씩 깨치기 시작했던 것 같습니다. 그 계기는 우주를 무대로 삼은 미국의 공상과학 드라마 〈스타 트렉Star Trek〉이었고요. 〈스타 트렉〉을 보며 무한한 우주의 매력에 넋을 잃은 난부 박사는 장래에 우주의 신비를 파헤치겠다고 결심했습니다. 그 후 수학 공부를 시작했고, 수학의 아름다움에 감동했으며, 수학에 몰입하다 보니 현재의 일을 직업으로 삼게 되었다고 합니다.

일본의 저명한 수학자이자 《대학에 가는 AI vs. 교과서를 못 읽는 아이들》이라는 베스트셀러를 쓴 국립정보학연구소의 아라이 노리코新井紀子 교수도 수학을 너무 싫어해서 대학 입시를

치른 뒤 곧바로 수학 교과서를 몽땅 불태웠다고 합니다. 어느 인터뷰에서는 "저는 계산치인 데다 워낙 덜렁대는 성격이라 계산 실수가 많았어요. 중학교에 들어가서는 수학을 더 싫어했고요"라고 밝혔습니다. 그랬던 그녀가 '사물의 구조를 이해하려면 수학을 알아야 한다'는 사실을 자각한 뒤로 수학과 친해져서 대학에서는 수리논리학을 전공하고, 오늘날 일본을 대표하는 수학자로 이름을 떨치고 있습니다.

요컨대 수학을 왜 공부해야 하는지를 명확히 알면 수학을 좋아하게 되고 수학 천재가 될 수 있습니다. 어쩌면 우리는 학창 시절에 수학을 왜 공부해야 하는지를 모른 채 수학 공식만 달달 외웠는지도 모릅니다. 수학 실력과 연봉이 비례한다는 연구 논문도 속속 발표되고 있으니[30,31,32] 아이가 수학의 묘미를 깨칠 수 있게 수학의 쓸모를 친절하게 가르쳐주세요.

플러스
뇌과학
이야기

고등학교 때 수학을 잘한 사람은 수학을 못한 사람보다 성인이 되었을 때 시급을 1.3~1.66달러 더 많이 받는다는 미국의 통계 조사가 있습니다.[30] 하루에 8시간 근무한다면 연봉이 3,168달러 차이 나겠지요.

일본 연구에서도 이과 계열 전공자의 연봉이 문과 계열 전공자의 연봉보다 더 높다는 결과가 나왔습니다. 2011년에 발표된 일본 경제산업연구소RIETI의 논문에 따르면 문과 계열 졸업생은 평균 연봉 559만 엔, 이과 계열 졸업생은 평균 연봉 601만 엔이었습니다. 이과 출신 중에서도 가장 연봉이 높은 대졸 취업자는 물리 능통자이고,[33,34] 문과생 중에서 수학 능통자는 그렇지 않은 학생에 비해 연봉이 90만 엔 정도 높았다고 합니다.

10

●

시험 성적과
밤샘 공부의 상관관계

Question

시험 전에는 밤늦게까지 공부를 시키는 게 좋겠지요?

Answer

밤샘 공부는 역효과를 내기 쉽습니다. 잘 자야 시험도 잘 봅니다!

요즘은 중고등학생은 물론이고 초등학생도 밤늦게까지 공부하
는 아이들이 많습니다. 제가 학교 다닐 때도 시험 전날에는 밤
을 새워가며 공부하는 친구들이 꽤 있었던 것 같습니다. 하지
만 독일의 뤼베크대학교 연구진은 '시험 성적은 밤새 공부했을
때보다 충분히 잠을 잤을 때 더 좋다'는 주목할 만한 연구 결과
를 내놓았습니다.[35] 이 내용은 저명한 과학 전문지인 〈네이처
Nature〉에 실려서 화제가 되기도 했습니다.

구체적인 연구 방법은 이렇습니다. 실험 참가자들을 모아놓고 난도가 가장 높은 문제를 보여준 후 8시간 뒤에 답을 제출하도록 했습니다. 두 집단으로 나누어서 실험했는데, 다음과 같은 결과를 얻었지요.

- 8시간 밤샘 공부 후에 문제를 푼 집단 → 정답률: 20%
- 8시간 취침 후에 문제를 푼 집단 → 정답률: 60%

요약하면, 밤샘 공부를 한 집단보다 8시간 충분히 잠을 잔 집단이 3배 가까이 높은 정답률을 보였습니다. 참고로, 아침부터 저녁까지 8시간 공부한 집단의 정답률은 20%로, 밤샘 공부를 한 집단과 동일했다고 합니다. 아무리 어려운 문제라도 잠을 충분히 자면 번뜩이는 직감을 발휘해 비교적 쉽게 풀 수 있는 것 같습니다.

수면과 학습의 관계에 대한 연구가 전 세계 학자들 사이에서 한창입니다. 미국의 고등학생 120명을 대상으로 실시한 조사에서는 성적이 좋지 않은(평가 점수 C~F) 학생들이 성적이 우수한(평가 점수 A~B) 학생들에 비해 수면 시간이 평균 25분 정도 짧은 것으로 나타났습니다. 성적이 좋은 학생은 수면 시간이 7시간 30분 정도로 비교적 길고, 잠자리에 드는 시간은 밤 10시 30분경으로 다소 일찍 취침한다고 합니다.[36] 2013년 미국 캘리포니아대학교 연구팀은 '수면 시간이 짧은 고등학생

은 성적이 나쁜 경우가 더 많다'는 연구 결과를 발표하기도 했습니다.[37]

덧붙이면, 일본 도호쿠대학교가 만 5~18세의 건강한 아동 및 청소년 290명을 대상으로 한 연구에서는 수면 시간이 짧은 아이일수록 뇌에서 기억을 관장하는 해마의 크기가 작은 것으로 드러났습니다.[38]

이들 통계 자료는 어디까지나 상관관계로, '수면 시간이 짧으면 반드시 성적이 떨어진다'는 의미가 아닙니다. 그러나 수면 시간을 줄이면서까지 하는 공부는 오히려 역효과가 생긴다는 사실을 단적으로 보여주고 있지요.

저도 워낙 잠이 많아서 초등학교 때는 늦어도 밤 9시, 중학교 때는 밤 10시가 되면 어김없이 잠자리에 들어야 했습니다. 물론 성인이 되면서 저녁형 인간으로 조금 기울었지만요(자세한 내용은 1장 '10. 아침형 인간으로 키워야 성공할까?' 참고).

'아이들은 자면서 자란다'는 말이 있듯 양질의 수면은 아이에게 줄 수 있는 최고의 보약인지도 모릅니다. 아무쪼록 아이가 꿀잠을 충분히 즐길 수 있게 배려해주셨으면 합니다.

11

●

이 능력 하나가
IQ와 성적, 소득, 성공까지 좌우한다

Question

아이가 성장하면서 능력을 온전히 발휘하려면 어떤 마음가짐을 길러
줘야 할까요?

Answer

자기조절을 잘하는 아이는 학업 성취도가 높고 장차 사회적으로도
성공할 가능성이 높습니다!

오늘날 학계에서는 어릴 때부터 단련해야 할 역량으로 '비인지
능력'을 꼽습니다. 의사소통 능력, 자기조절 능력, 창의력, 긍정
적 마인드 등 눈에 보이지 않고 수치화할 수도 없는 능력이 비
인지능력에 속합니다. 이 중에서 학자들의 관심을 끄는 것이
욕구나 행동을 스스로 조절하는 힘인 '자기조절 능력'입니다.

자기조절 능력이 주목받게 된 계기는 미국 듀크대학교 연구팀이 1,000명의 아동을 대상으로 30년에 걸쳐 장기 추적한 대규모 연구였습니다.[39] 이 연구에 따르면, 어린 시절 자기조절 능력이 약해서 목표 달성에 불필요한 욕구를 통제하지 못한 아이는 30년 뒤 소득이 낮고 사회적 지위도 낮은 것으로 나타났습니다. 반대로 자기조절 능력이 뛰어난 아이의 경우 재정 상태가 여유 있고 사회적 지위가 높은 어른으로 성장한 사례가 훨씬 많았습니다.

다른 연구에서도 자기조절이 잘되는 아이는 미국의 대학 수학능력시험인 SAT 성적이 우수하고, 스트레스와 욕구불만에 적절하게 대처하며, 집중력이 높다는 사실을 밝혀냈습니다. '더 큰 기쁨을 얻기 위해 욕구를 조절할 줄 아는' 능력은 초등학교 저학년 수학과 읽기 성적을 높인다는 점도 알아냈습니다.[40] 미국에서 이뤄진 연구에서는 중학생의 경우 학년 말 성적뿐 아니라 출석률, 전국표준학력시험 성적과 자기조절 능력이 비례한다는 결과를 얻었습니다. 또한 1,000명 이상의 아이들을 15년에 걸쳐 조사한 결과, 분노를 조절할 줄 아는 아이일수록 지능이 높은 것으로 나타났습니다.[41]

요컨대 자기조절 능력이 있으면 학습 능력과 지능이 발달하고, 어른이 되었을 때 경제적인 여유와 높은 사회적 지위를 누릴 수 있다는 것이지요.

지금쯤 "그럼, 그렇게 중요한 자기조절 능력은 어떻게 키워

주어야 하나요?" 하고 묻고 싶을 텐데요. 자기조절 능력을 단련
하는 방법은 이어지는 글 2장 '12. 자기조절 능력을 길러주는
법'에서 자세히 말씀드리겠습니다.

그 전에 아이의 자기조절 능력을 가늠해볼 수 있는 아주 간
단한 방법을 소개해드릴 테니 놀이를 하듯 가볍게 즐겨보셨으
면 합니다. 머리와 발을 짚는 단순한 동작인데요. 미국 오리건
주립대학교에서 개발한 기법을[42] 응용한 것으로, 제가 전국 유
치원과 어린이집에서 진행하고 있는 초간단 버전입니다. 동작
하나로 아이의 장래를 예측할 수 있다니, 벌써부터 결과가 궁
금하시죠?

아이와 함께 다음 두 가지 동작의 게임을 해보세요.

- "엄마가 '머리'라고 말하면 너는 '발'을 만지는 거야."
- "엄마가 '발'이라고 말하면 너는 '머리'를 만지는 거야."

이 두 가지 동작을 5회씩 총 10회 진행했을 때 아이가 바로바
로 하면 2점, 잠시 머뭇거리다가 하면 1점, 제대로 하지 못하면
0점으로 점수를 매깁니다. 합계 점수가 높을수록 자기조절 능
력이 뛰어나다고 말할 수 있지요(미국 조사에서는 만 3세 3점, 만
4세 10점, 만 6세 18점이 평균이었습니다).

이 과제에서는 아이의 충동 억제력, 작업 기억력, 집중력을
동시에 측정할 수 있기 때문에 아이의 장래 능력을 어느 정도

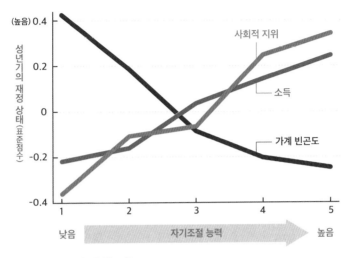

어린 시절의 자기조절 능력과 30년 후 재정 상태의 상관관계

참고 문헌: 아래 논문 자료를 일부 인용.
Moffitt, Terrie E., et al., "A gradient of childhood self-control predicts health, wealth, and public safety", PNAS, 108(7): 2693-2698, 2011.

예측할 수 있습니다. 물론 아이에 따라 개인차가 있으니 점수가 낮다고 해서 걱정할 필요는 없답니다. 아이가 자라면서 능력도 쑥쑥 자라날 테니까요.

12

●

자기조절 능력을
길러주는 법

Question

아이의 자기조절 능력을 길러주고 싶어요.

Answer

'흉내 내기 놀이', '음악에 맞춰 율동하기', '배려심 기르기'를 즐겁게 함
께 하시기를 추천합니다!

만 4세 아이가 움직이고 싶은 욕구를 참고 꼼짝 않고 가만히
있는 건 참 어려운 일입니다. 하지만 아이가 가만히 있게 하는
방법은 의외로 간단합니다. "경찰관 아저씨 흉내 내기 놀이 할
까?" 하고 제안하는 것이지요. 아이는 '놀이'라는 말을 듣는 순
간 자기가 경찰관이라면서 기꺼이 가만히 서 있습니다. 아이의
자기조절 능력을 억지로 키우기는 힘들지만, 이처럼 흉내 내기

놀이를 활용한다면 자연스럽게 익힐 수 있습니다.[43]

또한 음악에 맞춰 몸을 움직이면 자기조절 능력이 발달합니다.[44] 리듬감 있게 율동하려면 자신의 충동을 누르면서 박자에 맞추어야 하기 때문이지요. 음악은 정서를 안정시키고 의욕을 높이며 학습 능력까지 향상시키기 때문에 시너지 효과도 기대할 수 있습니다(3장 '03. 음악은 언어능력, 정서 발달, 면역력에도 좋다' 참고). 아이의 능력을 키워주는 최고의 비결은 무엇보다 즐겁고 재미나게 하는 것입니다.

현재 학계와 여러 전문기관에서 앞다투어 자기조절 능력을 연구하는데, 최근 화제가 된 단련법이 있습니다. '배려하는 마음 갖기'입니다.[45] 조절 능력을 관장하는 뇌 부위인 '관자엽과 마루엽 접합부(다음 페이지의 그림에서 파란색 동그라미 부분)'는 배려하는 마음을 품었을 때 활성화된다고 합니다. 타인을 배려하려면 자신의 욕구를 참아야 하는데, 그런 의미에서 배려심을 통해 자기조절 능력을 단련시킬 수 있지요.

자기중심적인 사람은 감정이나 행동, 욕구를 제어하는 힘이 약하기 때문에 성공하기 어렵습니다. 그러나 탁월한 성과를 내는 사람일수록 자신만을 위해서가 아니라 타인과 사회를 위해서 일하는 사람이 많습니다. 저 역시, 남의 마음을 헤아리는 이타적인 사람은 자기조절 능력이 뛰어나고 다방면에서 활약하는 사례를 자주 접했습니다.

미국 하버드대학교는 학력 심사를 선택제로 바꾸고 자원봉

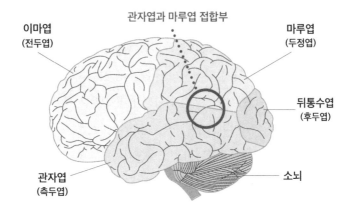

자기조절 능력을 관장하는 뇌 부위

관자엽과 마루엽 접합부

이마엽
(전두엽)

마루엽
(두정엽)

뒤통수엽
(후두엽)

관자엽
(측두엽)

소뇌

사나 선행 활동을 해온 학생들을 인정해주겠다는 내용의 입시 요강을 발표했습니다. 구체적인 전형 방식은 잘 모르지만, 이를 계기로 더불어 사는 사회를 위해 공부하고 업무를 수행하는 사람들이 늘어나기를 바랍니다.

13

●

매사에 의욕이 넘치는
아이의 비밀

아이가 매사에 별로 의욕이 없어요.

여러 선택지를 제시하고, 아이가 직접 고르게 하면 의욕이 불끈 생깁니다!

아이가 어떤 일에도 의욕이 없다며 고민하는 부모들이 참 많습니다. 아이가 그렇게 된 이유는 딱 한 가지밖에 없습니다. 그래서 저는 이런 고민을 토로하는 부모들에게 이렇게 되묻습니다.

"혹시 자녀분에게 '~해!', '~해서는 안 돼!' 하고 금지나 명령조의 말을 자주 하시나요?"

그러면 열에 아홉은 "어머, 맞아요. 아이한테 명령할 때가 많아요" 하는 대답이 돌아옵니다.

어떤 아이든 엄마 배 속에서부터 의욕 없는 아이로 태어나지 않습니다. 갓난아기만 봐도 열심히 노력해서 뒤집기에 성공하고 넘어져도 오뚝이처럼 다시 일어나 걸어서 앞으로 나아갑니다. 늘 의욕이 넘치지요. 하지만 아이가 의욕을 상실하는 '순간'이 찾아옵니다. 바로 어른들이 입버릇처럼 지시나 명령을 할 때입니다. 아이는 커가면서 어른들의 수많은 잔소리와 지시를 듣습니다. 그중에는 꼭 필요한 훈육도 있지만 아이가 따르고 싶지 않은 명령이나 행동하고 싶지 않은 지시도 있지요.

뇌과학과 심리학의 많은 연구들은 우리의 뇌가 "공부해, 정리해, 조용히 해" 하는 명령조의 지시를 들으면 거부감을 느끼고 거꾸로 행동하려는 성향이 있다는 사실을 밝혀냈습니다. "상자 뚜껑을 열지 마" 하는 말을 들으면 상자 안에 뭐가 있는지 궁금해지면서 뚜껑을 더 열어보고 싶은 것이 그 예지요. 이런 말을 반복해서 들으면 의욕 주머니는 쪼그라들고 맙니다.

육아를 하면서 아이에게 지시나 명령을 하게 되지만 지시나 명령을 하고 나면 마음이 불편하다는 부모들도 많습니다. 그런 분들을 위해 아이의 행동을 촉구하면서 의욕을 앗아가지 않는 과학적인 방법을 소개합니다. 이 방법은 자녀교육의 대가부터 스포츠 재능을 이끌어내는 훌륭한 코치까지 수많은 멘토들이 이용하는 교육법입니다.

바로, 아이에게 두 가지 이상의 선택지를 주는 것입니다. 예를 들면 "이것 좀 해!"가 아니라 서너 가지의 선택지를 마련해서 "이 중에서 어떤 걸 하고 싶어?"라며 고르게 하거나, "숙제하는 데 얼마나 걸릴까?" 하며 아이 스스로 결정하게 합니다. 신기하게도 부모의 물음에 아이들이 '으음, 어떤 걸 하지, 어떻게 하지?' 하며 생각하는 동안 저절로 의욕 주머니가 커집니다. 그도 그럴 것이, 원래 뇌는 스스로 선택하고 싶어 하는 근원적인 욕구를 갖고 있기 때문에 아무런 선택지 없이 누군가에게 일방적으로 명령을 들으면 얼굴이 찌푸려지지만, 선택지 중에서 스스로 좋아하는 것을 고를 수 있다면 조절 욕구가 충족되면서 의욕, 즉 '내적 동기'가 솟구칩니다.[46]

한 TV 방송 프로그램에서 음식이 두 종류밖에 없는 뷔페식당과 40종류나 되는 뷔페식당 중에서 사람들이 음식을 더 많이 먹는 식당은 어디인지 실험을 했습니다. 음식 종류가 많을수록 사람들이 더 많이 먹을 것 같죠? 그런데 예상과 달리 음식이 두 종류뿐인 뷔페식당에서 사람들이 더 많이 먹었다고 합니다. 선택지가 많을수록 뇌가 행복감을 느끼기 때문에 먹지 않아도 배가 부른 상태가 되어 식사량이 줄어든 것입니다.

선택은 의욕과 만족감을 선사해주는 원천입니다. 아이에게 무언가를 제안할 때는 여러 선택지 중에서 하나를 고를 수 있게끔 준비해주셨으면 합니다.

14

●

아침식사는 아이를 성공에
한 걸음 다가가게 한다

Question

아이를 성공으로 이끄는 좋은 습관을 소개해주세요.

Answer

아침식사를 꼭 챙겨주세요. 아침을 먹으면 학습 능력이 향상되고 성
공 확률도 높아집니다!

아이가 훌륭한 어른으로 성장하려면 자기조절 능력, 창의력, 의
사소통 능력, 자신의 재능을 찾아내는 능력 등 눈에 보이지 않
는 비인지능력을 몸에 익혀야 합니다.

아이가 어려서부터 비인지능력을 갈고닦게 하려면 역할 놀
이를 마음껏 즐길 수 있는 환경을 만들어주거나(3장 '04. 놀면서
회복탄력성을 키우는 법' 참고), 녹색을 늘 가까이 하거나(6장 '04.

창의력은 마냥 뛰어논다고 생기는 게 아니다' 참고), 집을 도서관처럼 꾸미거나(6장 '03. 책은 부족한 것보다 많은 것이 좋다' 참고), 부모와 자녀가 스포츠를 함께 즐기는(1장 '15. 지능이 좋아지는 운동은 따로 있다' 참고) 식으로 환경을 마련해주는 것이 중요합니다.

아침식사 습관도 아이의 장래에 좋은 영향을 끼칩니다. 일본 도호쿠대학교 노화의학연구소 스마트에이징 국제공동연구센터 연구팀이 일본의 대학생 400명과 사회인 500명을 대상으로 아침식사 습관과 관련해 설문 조사를 했더니 '아침을 먹는 사람은 학력이 높고 사회적으로 성공할 가능성이 높다'는 결론이 나왔습니다.[47] 자세히 말하면, 아침을 먹는 사람은 중위권 이상의 대학에 합격할 확률이 1.5배 높고 현역으로 합격할 비율도 70%나 됐습니다. 또 연봉 1,000만 엔 이상 직장인의 82%가 아침을 먹는 습관이 있으며, 원하는 직종에서 성공한 사회인의 84.6%가 아침을 먹는 것으로 나타났습니다.

인간의 뇌는 전체 열량의 약 25%를 소비합니다. 아침에는 에너지가 부족하기 마련인데 식사를 통해 영양을 보충해주면 능력을 더 많이 발휘할 수 있겠지요. 또한 당분이 함유된 음료보다 균형 잡힌 식사를 하는 것이 뇌 활동을 촉진한다는 사실도 연구를 통해 밝혀졌습니다.[48]

그러니 아이의 신체 건강과 뇌 발달을 위해 아침식사를 꼭 챙겨주시길 바랍니다.

Chapter 3

아이의 정서,

내면을 단단하게

만드는 법

01

●

잠자리 위치가
아이 정서를 바꾼다

Question

부모와 같이 잘 때 아이의 잠자리 위치는 어디가 좋을까요?

Answer

아빠, 엄마, 자녀 순으로 자면 아이의 정서 발달에 좋습니다!

유치원 강연회에서 어떤 엄마가 이런 질문을 했습니다.

"다섯 살 아들이 있습니다. 아이 성격이 조금 별나서 남에게 피해를 줄 때가 많아요. 아빠가 야단을 쳐도 달라지지 않는데, 어떻게 가르치면 좋을까요?"

질문을 듣는 순간 제 머릿속에는 '혹시 이것이 원인이 아닐까' 하는 어떤 것이 스쳤습니다. 그래서 몇 가지를 되물었는데, 그 엄마의 이야기를 들을수록 추측은 확신으로 자리 잡았습니다.

그때 제가 생각한 원인은 아이의 잠자리 위치입니다.

'어떤 위치에서 재우느냐에 따라 아이의 성격이 달라진다' 는 연구 결과가 있습니다.[1] 교육학 박사인 시노다 유코篠田有子 는 일본의 5,000가정을 방문해서 잠잘 때 아이의 위치와 아이의 성격 사이에 어떤 연관성이 있는지를 조사했습니다. 그 결과에 따르면 아빠-엄마-자녀 순(엄마 중앙형)으로 누워서 자는 아이는 정서적으로 균형과 조화를 이루고 안정된 발달을 보인 반면, 아빠-자녀-엄마 순(자녀 중앙형)으로 누워서 자는 아이는 자기중심적으로 자랄 확률이 더 높다고 합니다.

이 연구 결과를 떠올리며 앞서 질문한 엄마에게 "혹시 밤에 잘 때 아드님은 어디에 재우시나요?" 하고 물었습니다. 그랬더니 예상대로 "저희 부부 사이에 재우는데요" 하는 대답이 돌아왔습니다. 부모가 양 끝에 눕고 그 사이에 아이를 재우면 과잉보호 상태의 아이 중심적인 구도가 되기 때문에 부모의 훈육이 제 기능을 다하지 못하고 제멋대로인 성격으로 자라날 수 있습니다. 그래서 "우선은 어머님이 침대 가운데에서 주무세요. 그리고 아이의 변화를 지켜보세요" 하고 조언했습니다.

이후 강연회를 마치고 까마득히 잊고 있었는데, 1년 뒤 다른 강연회에서 우연히 그 엄마와 마주쳤습니다. 강연장에 들어선 순간 그 엄마가 "선생님!" 하며 반갑게 인사를 건네더니 그동안의 변화를 들려주었습니다.

"선생님께서 1년 전에 주신 처방이 효과가 엄청났어요. 잠자

어디에 아이를 재울까?

엄마 중앙형

자녀 중앙형

리 위치만 바꾸었을 뿐인데 아빠 말도 잘 듣고 이전과는 전혀 다른, 배려심 있는 아이로 몰라보게 달라졌답니다. 선생님, 정말 감사합니다."

사소한 행동이 아이의 성격까지 바꾸었다는 경험담을 전해 듣는 순간 무척 감동했던 기억이 지금도 또렷합니다.

02

●

혼자 노는 걸 좋아하는
아이의 특징

(Question)

아이에게 친구가 없어서 걱정이에요.

(Answer)

'자기성찰 재능'이 발달하고 있는지도 몰라요!

사회적 성공을 거둔 사람들을 인터뷰하면서 알게 된 사실이 있습니다. 창의적인 직업으로 손꼽히는 패션계나 예술계 사람들은 유년 시절부터 내면이 성숙해서 또래 친구들과 어울리기보다 혼자 놀거나 그림을 그리는 사례가 많았다는 겁니다.

몇몇 인물을 소개해보겠습니다. 한때 일본에서 독특한 헤어스타일로 붐을 일으킨 헤어디자이너 쓰치야 마사유키土屋雅之 대표는 지금도 연예인부터 최고 경영자까지 다방면의 유명인들 사이에서 '금손'으로 통하는 카리스마 스타일리스트입니다. 그는 인터뷰 기사에서 "어린 시절에는 몸이 약한 탓에 집에서 늘 공상에 빠져 지내거나, 학교 수업 시간에는 창밖을 보면서 온갖 상상의 나래를 펼쳤다"고 고백했습니다. 심지어 유치원에 다닐 때부터 고독과 항상 함께했다고 합니다. 지금은 고독과 거리가 먼 에너지 넘치는 생활을 하고 있지만요.

또한 일본의 남성 맞춤복 분야에서 여성 장인으로 불리는 가쓰 도모미勝友美 대표 역시 초등학교 시절엔 늘 외톨이여서 체육 시간에 교실에 남아 있거나 또래 아이들과 어울리지 못했다고 합니다. 그녀는 창업한 지 불과 4년 만에 연매출 4억 엔을 달성한 성공 경영자입니다. 양복을 맞추러 가쓰 대표를 찾아간 적이 있는데, 바느질 한 땀 한 땀이 훌륭했을 뿐더러 타인을 배려하는 따뜻한 인품에 절로 존경심이 생겼습니다.

이들의 공통점은 '자기성찰 재능'이 뛰어나다는 것입니다. 자기성찰 재능은 몽상을 좋아하거나 자신의 내면과 대화를 나누며 정말로 무엇을 하고 싶은지 끊임없이 자문자답하는 것이 특징입니다. 자기성찰 재능을 갖춘 아이는 또래와 잘 어울리지 못하지만 성인이 되었을 때 타고난 창의력을 발휘해서 눈부시게 활동합니다(재능의 종류는 1장 '04. 아이가 좋아하는 것과 잘하는 것이 다를 때' 참고).

자기성찰 재능의 또 다른 특징은 어렸을 때 소극적이거나 내향적인 성향을 띤다는 점입니다. 일본의 대표적인 소설가 요

시모토 바나나島本ばなな가 대표적입니다. 그녀는 어린 시절에 요정을 보는 신비로운 체험을 했는데 주위에 말해도 아무도 이해해주지 않았다고 합니다. 이 일을 계기로 성격이 내향적으로 기울면서 자신만의 세계에서 꽁꽁 숨어 지냈다고 합니다.

이러한 사람들은 훌륭한 상상력에 더해 상대방이 무엇을 생각하는지 예측하는 능력이 있습니다. 그래서 주변 분위기를 깨지 않으려고 조용히 입을 다물기도 합니다. 또한 가까운 미래를 읽어내서 상상력을 증폭시키는 특별한 재능도 엿보입니다. 사물을 진중하게 파고드는 집중력이 탁월하고 직관력과 발상 능력이 뛰어나기 때문에 예술과 문학 분야, 광고계, 영화계, 장인 기질이 돋보이는 일, 학문 연구 등에서 재능을 펼칩니다. 아울러 사람의 심리를 헤아리는 능력이 월등하다 보니 카운슬러, 간호사, 의사 등의 직업도 잘 어울립니다.

당장은 또래 친구가 없어서 외로워 보이지만, 어쩌면 다른 아이들보다 훨씬 성숙한 마음을 키워가고 있는지도 모릅니다.

+
플러스
뇌과학
이야기
+

나라마다 요구되는 기질이 다릅니다. 특히 북미 사회에서는 외향적인 기질이 더 많이 요구되기 때문에 내향적인 아이가 북미 사회에서 자라면 학업 성취도가 떨어지거나 훗날 직장에서 실력을 인정받지 못할 가능성이 있습니다. 게다가 놀아주는 친구가 없거나, 소심한 성격을 비난받아서 자신감을 상실할 수 있습니다. 한편 용의주도함, 신중함을 중시하는 중국에서는 내향적인 아이가 좋은 평가를 받아 학업은 물론이고 업무에서 충분히 기량을 펼칠 수 있다고 합니다.[2]

자신의 성격과 개성을 인정받은 경험은 최고의 자신감으로 이어집니다. AI가 세상을 지배하는 미래에는 획일적인 동일함은 의미가 없고, 저마다 개성을 살려야 능력을 인정받습니다. AI는 사람의 마음을 이해하지 못하고, 사람을 감동시키는 발상도 하지 못합니다. 그러니 아이가 어떤 기질을 지녔든 그것을 '개성'으로 여기고 뜨겁게 응원해주시기를 바랍니다. 오직 자신만 할 수 있는 개성을 키우는 것이 자신감을 높이고 재능을 꽃피우는 지름길입니다.

●

음악은 언어능력, 정서 발달,
면역력에도 좋다

Question

아이에게 음악을 들려주거나 악기 연주를 배우게 하면 어떤 점이 좋을까요?

Answer

음악은 언어능력을 발달시키고 스트레스를 줄여주며 질병을 치유하는 효과가 있습니다!

'장래에 음악가가 되려면 어릴 때부터 음악을 가까이해야 한다'는 말은 조기교육 업계에서 빠지지 않는 조언입니다. 그렇다면 이 조언은 과학적으로 맞는 말일까요?

실제 유아기에 음악을 접하면 음악적 재능이 향상된다는 사실을 수많은 학자들이 밝혀냈습니다. 게다가 최신 연구에서는 음악이 언어능력과 정서 발달, 면역력까지 다방면에서 아이에게 좋은 영향을 미치는 것으로 나타났습니다.

미국 워싱턴대학교의 크리스티나 자오Christina Zhao 박사는 생후 9개월 된 아기에게 음악을 들려주는 실험을 진행했습니다. 그 결과 음악은 '대화와 관련된 뇌 부위'의 성장을 촉진한다는 사실을 알 수 있었습니다.[3] 캐나다 맥마스터대학교 연구팀도 만 4~5세 아동을 대상으로 실험을 진행했는데, 음악 인지능력이 높은 아이들 중에는 언어능력이 뛰어난 아이들이 많은 것으로 분석되었습니다.[4] 악기 연주자 가운데 의사소통의 달인이 많다고 하는데, 음악이 언어능력 발달에 도움을 주었을 가능성이 높습니다.

음악은 건강에도 큰 영향을 끼칩니다. 예컨대 병원에 입원한 환자들에게 음악을 들려주면 질병 치유 속도가 빨라진다고 합니다. 또 음악을 들으면 쾌감 물질인 '도파민'이 분비되어 행복감을 높이고 스트레스를 줄여준다는 연구 결과도 있고요.[5]

인류는 음악과 함께 살아왔다고 할 정도로 음악과 리듬은 옛날부터 우리 가까이에 늘 존재했습니다. 호랑이 담배 피던 시절, 하루하루 끼니를 걱정해야 할 만큼 생존의 위협 속에서 살아가면서도 음악을 가까이했지요. 이때의 음악은 인간의 뇌에 깊이 작용해서 몸과 마음에 충만감을 선사하지 않았을까 싶습니다. 현대사회를 사는 우리도 괴롭거나 힘든 일이 생겼을 때 음악을 들으며 치유를 받지요.

아이는 누가 시키지 않아도 흥얼흥얼 노래를 부를 때가 참 많습니다. 그 모습을 보면 어쩌면 아이는 음악의 효과를 본능적으로 알고 있다는 생각마저 듭니다.

2010년에 발표된 학술 자료에 따르면, 엄마의 목소리는 아이의 머릿속에 사랑 호르몬인 '옥시토신'을 분비시켜 역경을 극복하는 힘을 선사한다고 합니다.[6] 부모의 달콤한 노랫소리는 아이를 강하고 씩씩하게 키워준다는 점, 잊지 마세요.

+
플러스
뇌과학
이야기
+

'모차르트 음악을 들으면 머리가 좋아진다'는 '모차르트 효과 Mozart effect'가 한때 화제였습니다. 하지만 수많은 실험 결과, 음악을 들었을 때 일시적으로 지능이 높아질 뿐 그 효과가 지속되지 않고 곧바로 원래 지능으로 되돌아간다고 합니다.[7] 물론 정서 안정이라는 실질적인 도움을 줄 때도 있지만요.

한편 2018년 연구에서, 음악가는 동일한 작업을 할 때 뇌를 효율적으로 활용해서 더 적은 에너지로 업무를 수행한다는 사실이 밝혀졌습니다.[8]

●

놀면서 회복탄력성을
키우는 법

Question

아이가 역할 놀이를 무척 좋아해요.

Answer

연극에는 회복탄력성을 키우는 힘이 있습니다!

오늘날 학계에서는 아이에게 꼭 필요한 힘으로 시련을 극복하는 힘인 '회복탄력성'을 중요하게 여깁니다. 아이의 회복탄력성을 높이는 데는 연극이 도움이 됩니다.

연극의 효과를 소개하기 전에 회복탄력성이 무엇인지 이야기해볼까 합니다. 회복력, 복원력 혹은 탄력성이라는 의미에서 더 나아가 회복탄력성은 스트레스나 장애물을 만났을 때 시련이나 역경을 이겨내는 긍정적인 힘을 뜻합니다. 회복탄력성 연구는 1970년대부터 시작되었는데 최근 재해·사고·폭력 등으로 정신적 충격을 심하게 받았을 때 생길 수 있는 외상후스트레스장애PTSD: Post-Traumatic Stress Disorder 연구를 계기로 학계에서 더욱 주목하고 있습니다.

　통계 자료를 살펴보면 미국인의 50~60%가 충격적인 사건을 경험하는데, 사고를 당한 사람들 중 8~20%가 PTSD를 호소합니다.[9] 한 예로, 2004년 3월 11일에 발생한 마드리드 열차 폭발 사고에서 사고 후유증으로 PTSD를 호소한 승객도 있었지만 PTSD를 호소하지 않은 승객도 있었습니다.[10] PTSD 발생 여부의 차이가 어디에서 비롯되었는지 검토했더니 회복탄력성이 크게 좌우하는 것으로 분석되었습니다.

'회복탄력성'이란?

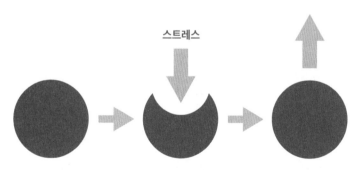

스트레스

인간은 시련이나 역경에 맞닥뜨렸을 때 이를 극복하는 힘이 있습니다.
이 긍정적인 힘을 '회복탄력성'이라고 합니다.

회복탄력성이 높은 사람은 실패나 시련, 역경 같은 부정적인 상황을 극복하려는 의지가 강하기 때문에 인생이 비교적 긍정적으로 풀릴 가능성이 높습니다. 실제로 제가 상담실에서 만난 각계각층의 사람들 중에서 승승장구하는 사람일수록 어려움을 극복한 경험이 무수히 많았습니다(성공하기 위해서는 크고 작은 시련을 반드시 이겨내야 한다는 것이지요).

요컨대 아이가 실패를 딛고 다시 일어서는 힘을 키우는 일은 성숙한 사회인으로 우뚝 서기 위해 가장 중요한 덕목입니다. 그래서 아이에게 회복탄력성을 키워주려면 어떻게 해야 하는지를 전 세계 학자들이 연구 중인데, 지금까지 나온 다양한 방법들 중에서 연극 수업이 회복탄력성을 가장 크게 향상시키는 것으로 나타났습니다.[11]

절반 정도 되는 학생들이 등교 거부를 경험한 일본의 어느 고등학교에서 6개월 동안(1,044시간) 연극 수업을 진행했더니 수업에 참가한 학생들의 회복탄력성이 높아진 일도 있었습니다. 구체적으로 설명하면, 회복탄력성을 구성하는 두 가지 힘, 즉 미래를 긍정적으로 생각하는 힘(긍정도+예견력)과 새로운 일에 관심을 갖는 호기심(적극성)이 강화되었습니다. 연극에 참여함으로써 '실패해도 새롭게 다시 시작할 수 있다'는 사실을 깨닫는 것은 물론, 다양한 역할을 통해 여러 상황을 경험하고, 연극을 하면서 누가 어떤 대사를 말하고 자신은 어디에서 등장해야 하는지를 가늠하다 보면 미래를 긍정적으로 계획하게 되고 새로운 일에 대한 호기심이 샘솟게 되지요.

또한 캐나다의 심리학자이자 음악가인 글렌 셸렌버그Glenn Schellenberg 박사가 만 6세 아동들을 대상으로 실험한 결과, 연극놀이 수업에 참가한 아이들의 사회적응력이 두드러지게 향상되었습니다.[12] 사회적응력에는 다양한 요소가 있는데, 타인의 마음을 헤아려 분위기에 맞게 행동하거나 적절한 의사소통을 구사하는 능력 등이 포함됩니다. 요컨대 연극은 시련이나 역경을 이겨내는 힘을 키워주고 사회적응력까지 두루 향상시키는 훌륭한 처방입니다.

소꿉놀이, 히어로 역할극도 연극과 동일한 효과를 얻을 수 있습니다. 아이가 혼자 상황극을 펼칠 때도 있을 텐데, 어쩌면 아이의 내면에서 엄청난 능력이 자라는 순간인지도 모릅니다. 아무쪼록 아이의 연기를 따뜻한 눈으로 지켜보는 훌륭한 관객이 되어주세요.

●

피할 수 없는 게임,
가장 효과적으로 하는 법

Question

아이가 하루 종일 게임만 하려고 해요.

Answer

장시간 게임은 바람직하지 못합니다. 게임 시간을 정해주세요!

게임으로 아이와 씨름하는 부모들이 많습니다. 특히 코로나19
로 인해 스마트 기기를 접하는 시간이 늘면서 아이들이 게임
기, 스마트폰 등 전자기기를 사용하는 시간이 눈에 띄게 늘어
나고 있습니다. 그만큼 갈등도 커지고 있지요.

　게임이 아이에게 어떤 영향을 끼치는지 알아보기 위해 수많
은 연구 실험이 진행되고 있지만 연령, 게임 내용, 부모와 자녀
의 관계, 환경에 따라 결과가 크게 달라지기 때문에 '아이마다

다르다'로 과학계의 최종 결론이 모아지는 것 같습니다. 다만, 지금까지 발표된 연구 결과를 살펴보면 아이를 어떻게 지도해야 할지 힌트를 얻을 수 있겠지요.

관련 논문들의 내용을 간추리면 게임이 아이에게 미치는 장점과 단점이 참으로 다양합니다.[13]

게임이 아이에게 미치는 영향

단점	장점
공격적인 행동과 사고의 증가	시각적·공간적 인지능력 향상
공감 능력과 배려심 저하	특정 지식이나 기술 습득 가능
학업 성적 저하	신체 능력 향상(운동 게임)
주의력 저하	공감 능력 향상(역할극 게임)
중독 경향 있음	

표에 정리된 장점과 단점 외에 대화가 줄어들거나, 운동량이 줄거나, 오감 자극이 감소하거나, 수면 시간이 줄어들어 아이의 발달에 나쁜 영향을 끼친다는 연구 결과도 있습니다. 미국 캘리포니아대학교 연구에서는 며칠 동안 전자기기 사용을 금지했더니 아이의 친화력이 향상되고 타인의 표정을 읽어내는 능력까지 높아지는 것으로 나타났습니다.[14]

게임의 장점도 알려졌는데, 컴퓨터 게임을 즐기는 사람은 필요한 것을 빨리 찾아내는 시각 능력이 뛰어나다고 합니다(이는 움직임이 빠른 슈팅 게임에 국한된 결과입니다).[15] 또한 공간 인지 능력이 부족한 아이에게 3D 액션 게임을 시켰더니 입체적 인지능력 테스트에서 점수가 높아졌습니다.

폭력적인 게임이 아이들의 발달에 미치는 영향을 추적 조사한 흥미로운 연구가 있습니다. 영국에서 1991~1992년에 태어난 1만 4,000명(유효인원 1,800명)을 대상으로 대규모 조사를 진행했는데, 폭력적인 게임을 경험한 만 8~9세 아동이 만 15세가 되었을 때 폭력성이 약간 늘어났을 뿐 심각한 문제행동을 보이거나 우울 성향을 띠는 사례는 드물었습니다.[16]

옥스퍼드대학교에서는 영국 전역의 만 10~15세 학생 5,000명을 분석했습니다. 그 결과 3시간 이상 게임을 한 아이들은 침착하지 못하고 주의가 산만했지만, 게임 시간이 1시간 이내인 아이들은 산만한 성향을 거의 찾아볼 수 없었습니다. 오히려 게임을 1시간 이내로 했을 때 생활의 만족도가 높고 사교적이며, 게임을 하지 않은 아이에 비해 행복도가 높은 것으로 나타났습니다.[17]

이와 같은 연구 결과들을 보면 장시간 게임은 바람직하지 않지만, 아이가 1시간 이내로 게임을 즐긴다면 아이에게 긍정적인 효과를 기대할 수 있을 듯합니다(다만, 최근의 인터넷 게임은 중독성이 강하므로 더 주의해야 합니다).

장시간 게임에 대한 연구에서는 장점이 될 만한 데이터를 전혀 찾지 못했습니다. 오랜 시간 같은 자리에 머물면서 게임을 하기 때문에 몸을 움직이는 시간이 극단적으로 줄어들어 아이의 뇌 발달에 부정적인 영향을 끼칠 따름입니다(자세한 내용은 1장 '15. 지능이 좋아지는 운동은 따로 있다' 참고).

다만, 시간을 정해서 게임을 하면 자기조절 능력을 키우는 데 도움이 될 수 있습니다. 아이에게 게임기를 건네야 하는 상황이라면 반드시 시간 규칙을 정해서 게임을 즐길 수 있게 지도해주세요.

06

●

햇볕을 쐬며 뛰어놀 기회를
많이 만들어라

Question

밖에서 뛰어놀게 하는 게 아이에게 정말 좋나요?

Answer

되도록 햇살을 받으며 뛰어놀게 해주세요. 몸과 마음 모두 건강해질
테니까요!

요즘은 밖에서 뛰어노는 아이들을 구경하기 힘들지만 밖에서
뛰어노는 건 실내에서 노는 것보다 몸과 마음, 뇌 발달에 훨씬
좋습니다(1장 '15. 지능이 좋아지는 운동은 따로 있다' 참고). 특히
또래 친구들과 함께 뛰어노는 건 사회적인 유대감을 형성하는
데도 아주 중요합니다. 이와 관련해 실험을 했는데, 격리된 실
험쥐는 다른 실험쥐들과 원만한 관계를 맺지 못하거나 공격적

인 성향을 보였다고 합니다.[18] 또한 **햇볕을 쬘수록 뇌 속의 행복 호르몬을 만들어내는 세로토닌이 활성화되기 때문에 정서적으로 안정된 아이로 성장할 가능성이 높습니다.**

밖에서 뛰어놀면 시력이 좋아지는 장점도 있습니다. 호주인과 싱가포르인 모두 부모의 70%가 근시였는데, 두 나라 자녀들의 근시 비율은 호주가 압도적으로 적었습니다(싱가포르 29.1%, 호주 3.3%). 이런 차이가 생겨난 원인을 바깥 활동 시간에서 찾을 수 있었지요. 호주 아이들은 1주일 동안 평균 14시간을 밖에서 보내지만, 싱가포르 아이들은 1주일 동안 바깥에서 활동한 시간이 3시간에 그쳤습니다.[19] 놀이의 종류에 관계없이, 밖에서 노는 시간이 긴 아이는 그만큼 근시가 생길 확률이 낮아지는 것으로 나타났습니다.

요컨대, 바깥 활동 시간이 길수록 머리가 좋아지고 몸이 튼튼해지고 마음이 토실토실한 아이로 자라납니다. 그러니 이번 주 휴일에는 자녀의 손을 잡고 집 근처 놀이터라도 찾아보면 어떨까요?

07

반려동물을 키움으로써
기대할 수 있는 효과들

Question

아이가 동물을 키우고 싶어 하는데 키우는 게 좋을까요?

Answer

반려동물을 키우면 정서적, 사회적으로 크게 성장할 수 있습니다!

동물 돌보기는 아이의 모든 능력을 향상시키는 최고의 선물입니다. 영국 리버풀대학교 연구팀은 1960~2016년에 발표된 아이와 동물에 관한 논문들을 메타 분석했습니다. 그 결과 '반려동물은 마음의 안정을 가져다줄 뿐만 아니라 자신감을 고취시키고, 원만한 인간관계를 구축하기 위한 의사소통 능력과 사회적 기술을 향상시킨다'는 결론에 도달했습니다.[20]

동물과 함께 지내는 생활은 아이들 건강에도 도움이 됩니다.

핀란드 쿠오피오대학병원의 에이야 베르그로스Eija Bergroth 박사 연구팀은 강아지를 키우는 집에 사는 만 1세 미만의 아기를 1년 동안 조사했는데 호흡기 질환 발병률이 31% 감소하고, 귓병에 걸릴 위험성은 44% 낮아지고, 항생제를 처방받을 확률도 29%나 떨어진다는 사실을 확인했습니다.[21]

그 이유는 여러 가지가 있겠지만, 반려동물을 키우는 가정일수록 흙, 먼지 등 외부 물질이 집 안으로 유입되기 쉬운데, 아기가 이러한 외부 물질에 노출되면서 면역력이 높아지고 세균 감염에 강해지기 때문인 것으로 추측됩니다. 특히 강아지가 하루 18시간 집 밖에서 지내는 가정의 자녀가 가장 건강했다고 합니다. 감염병 예방 효과는 고양이를 키우는 가정보다 강아지를 키우는 가정이 더 큰 것으로 나타났습니다. 열대어를 감상하면 혈압이 낮아진다는 흥미로운 연구 결과도 있습니다.[22]

또한 미국의 저명한 심리학자인 로버트 스턴버그Robert Sternberg 박사는 저서 《지능 핸드북Handbook Of Intelligence》에서 '반려동물을 돌보는 아이일수록 학업 성취도가 높을 가능성이 있다'고 밝혔습니다. 반려동물을 키우고 보살피는 일은 스스로 책임을 진다는 뜻도 포함하지요. 책임감 있는 아이는 학업에도 성실하게 몰입하는 경향을 보입니다.

저도 일곱 살 때부터 강아지를 키우고 싶어 했는데 아버지의 반대가 워낙 심해서 강아지를 데려오지 못했습니다. 그런데 마을 축제 날 노점상에서 병아리를 발견하고 밑져야 본전이라는 심정으로 병아리를 키우고 싶다고 졸랐습니다. 기적적으로 아버지의 허락을 받아냈는데, 아버지는 제게 이런 다짐을 덧붙이셨습니다.

"병아리를 돌보고 보살피는 일은 네가 책임져야 한다."

당시 저는 병아리를 키울 수 있다는 사실이 너무 기뻐서 "물론이죠, 제가 잘 키울 수 있어요!" 하며 큰소리를 쳤습니다. 그렇게 해서 병아리를 키우게 되었고, 병아리의 귀여운 모습에 하루하루가 정말 행복했습니다. 집 마당에 병아리 집을 만들고, 먹이를 주고, 마당을 산책시키고, 병아리를 보살피는 일이 정말 좋았습니다. 병아리가 좀 더 쾌적하게 지냈으면 하는 마음에 도감을 여러 권이나 탐색하며 병아리 잠자리를 만들어주고, 병아리가 재미나게 놀 수 있는 방법도 열심히 궁리했습니다.

마치 엄마를 따라다니듯 병아리가 제 뒤를 졸졸 따라오는 모습을 본 뒤로는 병아리와 함께 마음껏 뛰어놀 만한 장소를 직접 찾아다녔습니다. 지금 생각해보면 바로 이런 활동이 리더십을 키우는 훈련이 아니었을까 싶습니다. 병아리를 키운 뒤로 학급 반장을 맡았거든요. 생명체를 돌보는 일이 성장으로 이어졌던 것 같습니다.

동물을 키운다는 건 기계와 접촉할 때는 느낄 수 없는 행복감을 느끼며 산다는 것을 의미합니다. 동물과 마음을 나눔으로써 진화 역사상 가장 오래된 부위인 뇌 깊숙한 곳이 활성화된다고 합니다. 오늘날 동물과 교감하는 '애니멀 테라피Animal

Theraphy'가 세계적으로 화제인데, 반려동물과의 교류는 치유 효과뿐 아니라 자연스럽게 감수성을 키우고 책임감을 기르면서 삶의 행복도까지 쑥쑥 올릴 수 있다고 합니다. 그러니 아이가 동물을 키우고 싶어 하면 긍정적으로 생각해주세요.

08

자신감 넘치는 아이 vs. 겸손한 아이
어떻게 키울까?

Question

자신감 넘치는 아이로 키워야 할까요?

Answer

지나친 자신감보다는 겸손한 마음을 갖는 것이 아이의 성장에 밑거름이 됩니다!

"어깨를 쫙 펴고, 자신감을 갖고!"

지금의 부모들이 자랄 때는 이런 이야기를 자주 들었을 거예요. 저도 어렸을 때부터 자신감 있게 행동하라는 부모님의 훈계를 듣고 자랐습니다. 이처럼 자신감을 사회생활에 꼭 필요한 덕목처럼 여기는 부모가 많지만, 지나친 자신감은 오히려 아이에게 부정적인 영향을 끼칠 수 있습니다.

여러 연구팀이 분석한 결과에 따르면, 아이 스스로 '나는 대단해!'라며 강한 자신감을 앞세우면 공부를 열심히 해야 할 필요성을 느끼지 못하고 노력도 하지 않아 학년이 올라갈수록 학력이 떨어질 가능성이 높습니다.

어린 시절에는 신동으로 소문이 자자했던 사람이 커서는 평범하게 산다는 이야기를 들어보았을 거예요. 하늘을 찌르는 자신감은 사람을 교만에 빠뜨려 새로운 일에 도전할 의욕까지 앗아가기도 합니다. 어느 정도의 자신감은 필요하지만, 매순간 도에 넘치는 자신감을 드러내면 오히려 독이 될 수 있습니다.

성공한 경영자를 만난 적이 있습니다. "정말 엄청난 성공이지요. 맨주먹으로 회사를 일구다니, 훌륭하십니다!" 하고 인사를 건네자 그 경영자는 이렇게 대답했습니다.

"아닙니다, 아닙니다. 제가 성공했다는 생각은 단 한 번도 해본 적이 없어요. 아직 많이 부족한 걸요."

다른 저명인사들도 대체로, 특히 행복도가 높은 사회지도자일수록 비슷한 말을 했습니다.

수많은 연구 결과가 말해주듯이, 겸손한 사람일수록 자신의 분야에서 더 큰 성공을 거둘 수 있습니다. 미국 캘리포니아대학교 조사에서도 자신의 능력을 천부적이라고 자만하는 사람보다 '나에게는 아직 무한한 가능성이 숨어 있다. 머리를 쓰면 쓸수록 더 나은 내일을 맞이할 수 있다'라고 생각하는 사람은 어려운 문제에 진취적으로 도전하고, 그 결과 더 나은 발전을

이루는 것으로 나타났습니다.[23]

어떤 행동이든 칭찬해주는 칭찬 교육의 영향인지, 요즘 자신감을 훌쩍 넘어 자만심에 사로잡힌 젊은이들이 급증하고 있습니다. 기업체 연수에서 전해 들은 이야기가 있습니다. 어떤 회사의 관리자가 신입 사원에게 사진 촬영을 부탁했고, 고맙다는 뜻으로 그 사원에게 "사진이 잘 나왔네요" 하고 인사했더니 신입 사원이 이렇게 대답을 했다고 합니다.

"그렇죠? 제가 사진이라면 한가락 해요!"

자만심으로 가득한 사람은 현재 상황에 안주하기 때문에 굳이 성장하려고 애쓰지 않습니다. 1년 후 그 신입 사원의 근황을 전해 들었는데, 안타깝게도 업무에서 두드러진 성과를 내지 못하고 있다고 합니다. 자신감은 중요하지만 콧대 높은 자신감이 성장의 발목을 붙잡는다면 분야를 막론하고 장기적으로 일류가 되기는 힘들지요.

앞으로 다가오는 시대는 AI의 보급에 따라 우리가 상상도 못 하는 새로운 형태의 다양한 업무가 등장할 것입니다. 급변하는 시대에는 현재의 모습에 안주하지 않고 늘 자신을 성장시키고 새로운 분야에 도전하는 인재가 필요합니다. 자신감을 키우는 일도 중요하지만 성장의 기쁨을 가르치는 것이 더 절실한 오늘입니다.

09

좋은 장기 기억은
자신감의 근원이 된다

Question

아이가 정신력이 강한 어른으로 성장하길 바랍니다. 좋은 방법이 없

을까요?

Answer

유아기의 일을 장기 기억으로 정착시켜주면 행복감과 자신감이 쑥쑥

올라갑니다!

아이의 마음을 토실토실 살찌우려면 능력보다는 노력을 칭찬

해주고(4장 '06. 아이에 따라 칭찬 방법과 횟수가 달라져야 한다' 참

고), 운동 습관을 들여주는(1장 '15. 지능이 좋아지는 운동은 따로

있다' 참고) 등 다양한 방법이 있습니다.

　이 중에서 실패와 불행을 이겨내는 불굴의 의지를 키우고

강한 정신력을 길러주는 다소 뜻밖의 처방전이 있어서 소개하려고 합니다. 그 처방전은 기억과 마음의 관련성이 반영된 것으로 '하루하루 일상을 떠올리고 기억하면 굳센 정신력과 훌륭한 문제해결력을 갖출 수 있다'입니다.[24,25]

이는 만 6~8세가 될 때까지 만 3세 이전의 기억이 소실되는 현상(전문용어로 '유년기 기억 상실')에 대한 연구에서 밝혀진 결과입니다. 대체로 우리는 서너 살 이전의 일들은 까맣게 잊고 살지만, 제대로 기억해내는 사람일수록 행복감과 자신감이 높다고 합니다. 미국 뉴햄프셔대학교에서 만 10~15세 청소년 83명을 대상으로 진행한 연구에 따르면, 구체적인 사건을 또렷이 기억하는 학생들은 사회문제와 관련된 문제에 대한 해결력이 높았습니다.

'나는 누구인가' 하는 자기 이미지나 정체성은 '과거에 어떤 일을 체험했느냐' 하는 기억을 통해 형성됩니다. 예를 들어, 재미나고 즐거운 과거를 많이 또 자세히 기억하는 사람은 일상의 만족도가 높고, 인생이 술술 잘 풀릴 것이라며 긍정적으로 살아갑니다. 시련에 부딪혔을 때 이를 극복한 경험이 머릿속에 저장되어 있다면 높은 장애물을 만나도 '나는 뛰어넘을 수 있어!' 하고 뇌가 긍정적으로 반응합니다. 자신감 연구에서도, 건강한 자신감을 갖춘 사람일수록 안 좋은 일에 맞닥뜨렸을 때 과거의 좋았던 기억을 떠올리려고 노력한다는 결과가 나왔습니다.[26]

그러니 아이에게 어렸을 적 이야기를 자주 들려주세요. 아이가 난생 처음 모래를 만졌을 때, 동물원에 놀러갔을 때, 유치원에 등원했을 때, 열심히 블록을 쌓아올렸을 때 등등 추억을 새록새록 떠올려주면 아이는 어릴 적 일들을 기억 창고에 확실히 저장하게 됩니다. 실제로 어떤 일을 경험한 뒤 아이에게 '언제, 어디에서, 누가, 무엇을' 식으로 질문하며 그 일을 되살려주면 아이는 장기 기억으로 머릿속에 아로새길 수 있습니다.

사진을 보여주는 것도 기억을 강화하는 좋은 방법입니다. 잠시 경험담을 말씀드리면, 저는 어린 시절의 일들을 비교적 또렷이 기억하는 편입니다. 심지어 두 살 때 일도 기억합니다. 그 이유를 잘 몰랐는데, 얼마 전에 한 가지 짚이는 데가 있더군요.

저희 본가에는 두툼한 사진 앨범이 여러 권 보관되어 있습니다. 부모님이 중요한 이벤트나 하루하루의 단상을 사진으로 찍어서 앨범에 정리해두셨기 때문에 저는 어릴 때부터 추억의 사진첩을 곧잘 감상하곤 했습니다. 그 결과 사진으로 본 제 일상들이 머릿속에 장기 기억으로 고스란히 새겨진 것이지요. 지금도 바닷가에서 물고기를 잡은 날, 계곡에 가서 즐겁게 물놀이한 날, 달리기 시합에서 엄청 긴장했지만 1등으로 골인한 날 등 어릴 적 일들을 담은 사진을 보면서 과거의 추억을 더듬다 보면 입가에 절로 미소가 피어오릅니다.

최근에는 스마트폰으로 사진을 찍어서 바로바로 감상할 수 있기에 번거롭게 앨범을 만드는 사람은 흔하지 않지만, 추억을 간직한 사진첩은 아이의 마음을 건강하게 키워주는 최고의 도구라는 사실을 부정할 수 없습니다. 두 돌이 지난 아이를 둔 부모로서 저도 커다란 앨범을 당장 마련해서 우리 부모님이 그러하셨듯 제 아이의 일상을 그 앨범에 간직해주어야겠습니다.

10

아이를 성장시키는 경쟁 상대는
가까이에 있다

Question

어려서부터 다른 아이들과 경쟁시키는 것이 나을까요?

Answer

타인과 경쟁하는 것보다 과거의 자신과 경쟁하는 것이 훨씬 크게 성
장할 수 있습니다!

예전에는 경쟁을 당연하게 여겼지만, 최근 아동교육 현장에서
는 경쟁을 선호하지 않습니다. 경쟁의 부정적인 측면 때문이지
요. 하지만 여기에서는 경쟁의 장점과 단점을 두루 살펴보면서
경쟁의 효과를 극대화하는 방법을 모색해보려고 합니다.

먼저, 경쟁의 가장 큰 단점은 요즘 같은 경쟁사회에서 항상
타인과 비교하며 전전긍긍하는 삶을 살게 된다는 것이지요. 자

신이 원해서 행동하기보다 오직 남보다 뒤처지지 않거나 남보다 앞서려고 발버둥을 치다 보면 '나다움'을 상실할지도 모릅니다. 자신이 진정으로 하고 싶은 일보다 사회적 지위나 수입만 좇아서 직업을 선택할지도 모르고요. 또한 경쟁 상태에서는 뇌가 항상 긴장하고 있기에 자신만의 잠재력을 충분히 발휘하지 못할 때도 많습니다.

미국 브랜다이스대학교Brandeis University 연구팀이 만 7~11세 여자아이들을 대상으로 종잇조각을 모아서 독특한 모양을 만드는 작업을 경쟁시켰더니 아이디어 발상 능력이 저하되었다고 합니다.[27] 특히 여자아이는 경쟁 환경에 직면하면 남자아이보다 창의성이 떨어질 수 있기 때문에 결과가 바람직하지 못한 사례가 더 빈번한 것 같습니다.

반대로, 경쟁의 긍정적인 효과를 뒷받침해주는 연구 결과도 있습니다. 일본 고등학생들을 대상으로 조사한 바에 따르면 경쟁자가 있을 때 학습 의욕이 더 높고, 경쟁자가 없는 학생일수록 학습 의욕이 낮은 것으로 나타났습니다.[28] 이처럼 경쟁심이 학습 의욕을 높이는 데 도움을 주기도 합니다. 물론 지나친 경쟁심은 문제가 되겠지만 적당한 경쟁심은 성장의 원동력이 될 수 있지요.

경쟁은 인간다움을 실현시키는 훌륭한 촉매제로 쓰이기도 합니다. 구체적인 사례를 소개하면, 제23회 평창 동계올림픽 스피드스케이팅 금메달리스트인 고다이라 나오小平奈緒 선수와 한국의 이상화 선수는 서로 경쟁자이면서 우정을 나누는 친구 사이로 유명합니다. 저도 생방송으로 올림픽 경기를 지켜보았지만, 결승에서 2위를 한 이상화 선수와 고다이라 선수가 부둥켜안고 트랙을 도는 장면은 지구촌 모든 이에게 감동을 선사했습니다.

이후 인터뷰에서도 고다이라 선수는 "만약 이상화 선수가 없었다면 오늘날의 저는 없었을 것입니다. 이상화 선수와 함께할 수 있어서 정말 행복했습니다" 하며 기쁨을 나누었습니다. 라이벌을 존경하고 서로 치켜세워주는 모습이 무척 아름다웠습니다. 실제로 두 사람은 같이 식사할 정도로 친한 친구 사이인데, 치열하게 경쟁하는 맞수라도 상대방과 진한 우정을 나누고 친밀한 인간관계까지 맺을 수 있음을 보여준 훈훈한 사례가 아닐까 싶습니다.

사견이지만, 성공한 사람일수록 어릴 적 승부에 대한 기억이 또렷해서 상대를 이겼다는 기쁨뿐만 아니라 졌다는 패배감과 굴욕감을 지렛대 삼아 더 나은 성과를 올리려고 노력하는 것 같습니다.

원래 인간의 뇌는 두 가지 사물을 비교하려는 성향이 강합니다(옆 페이지 그림 참고). 다시 말해 인간은 주위 사람들과 자신을 비교하고 경쟁하는 동물입니다. '남의 떡이 커 보인다'는 속담이 뇌과학적으로 진실이라는 것이지요. 하지만 인생이 술술 잘 풀리는 사람일수록 비교와 경쟁을 효율적으로 활용해서 자신의 의식을 더 높이려고 노력합니다.

제가 늘 마음에 담아두는 경구가 있습니다. '과거의 나와 비교한다'이지요. 요컨대 타인이 아니라 과거의 나와 비교함으로써 더 열심히 스스로를 채찍질하는 것이 바로 행복한 인생을 영위하는 사람들의 특징입니다. '어제의 나보다 오늘의 나, 오늘의 나보다 내일의 나'라는 마음으로 살면 당장 결과물을 얻지는 못하겠지만 매일 조금씩 성장함으로써 더 나은 방향으로 변화하는 것만은 분명합니다.

뇌는 두 가지 사물을 비교한다

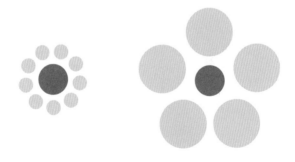

위의 두 그림에서 중앙의 파란색 동그라미가 더 큰 건 어느 쪽인가요?
정답은 '양쪽 모두 크기가 같다'입니다.
뇌는 두 가지 사물을 비교하는 성향이 강하기 때문에
주위에 작은 동그라미가 있으면 실제보다 더 크게 보이고(왼쪽),
주위에 큰 동그라미가 있으면 실제 크기보다 더 작게 보입니다(오른쪽).

Chapter 4

좋은 훈육,

아이 뇌에

상처 주지 않는 법

01

영유아기 스킨십은 아이를
당당한 어른으로 자라게 한다

Question

어리광을 다 받아주면 버릇이 될까 봐 걱정돼요. 아이가 칭얼거릴 때 적당히 모르는 척하는 게 나을까요?

Answer

스킨십은 유전자를 변화시킵니다. 아이를 꼭 안아주세요!

"아이가 보챌 때마다 안아주고 업어주면 버릇이 나빠지니 울어도 그냥 모르는 척하세요!"라는 양육 방식이 한때 유행했습니다. 하지만 부모의 이런 행동은 아이의 성장에 좋지 않은 영향을 끼칠 수 있다는 사실이 최근 여러 연구들을 통해 밝혀졌습니다.

2017년에 캐나다의 브리티시컬럼비아대학교 연구팀은 '갓난아기를 많이 안아주느냐, 안아주지 않느냐에 따라 아이의 유전자가 달라진다'는 놀라운 연구 결과를 발표했습니다.[1] 논문 내용을 좀 더 자세히 소개하면 이렇습니다.

세상에 태어난 지 5주 된 신생아를 둔 엄마에게 아기와 어느 정도 접촉하는지를 기록하게 한 뒤에 아이가 만 4세 6개월을 넘긴 시점에서 아이의 DNA를 분석했습니다. 그 결과 부모와 접촉이 많았던 아이일수록 '면역 및 대사에 관여하는 유전자'에 뚜렷한 변화가 나타났으며, 아이는 순조롭게 발달했습니다(자세한 내용은 1장 '01.아이의 DNA를 바꾸는 환경의 힘' 참고). 이는 인간을 대상으로 '스킨십을 통해 아이의 유전자가 달라질 수 있다'는 사실을 발견한 최초의 연구로, 과학자들 사이에서도 화제가 되었습니다.

쥐를 대상으로 한 실험에서는, 어릴 때 털 다듬기를 통해 어미와 접촉이 많았던 생쥐의 경우 스트레스 반응에 관여하는 유전자가 변화해서 평생 스트레스에 효율적으로 대처할 수 있다는 사실까지 밝혀졌습니다.[2]

영유아기에 부모와 스킨십 기회가 많았던(전문용어로 애착 attachment이라고 합니다) 아이는 자신감을 갖춘 당당한 어른으로 자라날 가능성이 높은데, 이러한 연구 결과들이 건전한 애착 관계의 효용을 입증해준 셈이지요. 특히 '피부는 제2의 뇌'라고 말하는 전문가들도 많습니다. 스킨십을 많이 할수록 아이의 뇌 발달에 좋다는 의미입니다. '안아주기'는 부모와 자녀가 서로 살을 맞댈 수 있는 좋은 기회이므로 사랑을 담뿍 담아서 아이를 꼭 안아주셨으면 합니다.

참고로, '안아주기의 타이밍'과 관련해 흥미로운 실험이 있어 소개합니다. 원숭이 중에 부모 품에서 한시도 떨어지지 않는 새끼 원숭이를 스트레스 환경에 노출시켰더니 스트레스에 제대로 대응하지 못했습니다. 반면 일주일에 1시간 정도 부모 품에서 떨어져 지내게 한 새끼 원숭이는 스트레스에 능숙하게 대처했습니다.[3] 뇌 활동을 살펴보니, 짧은 시간 동안 부모 품에서 떨어져 있게 한 새끼 원숭이일수록 대뇌 앞이마엽의 기능이 향상되었습니다.

또한 쥐 실험에서 15분가량 부모와 떨어져 지낸 생쥐는 스트레스에 더 강하게 대처한다는 결과도 있습니다. 이는 아기가 안아달라고 보챌 때 곧바로 달려가는 것보다 아주 잠깐만, 예를 들어 단 몇 초만이라도 아이 스스로 그 상황을 견디게 했다가 안아주는 것이 아이의 스트레스 대응력을 키워준다는 점을 시사합니다.

한편 앞서 소개한 쥐 실험 결과에 따르면, 어미와 분리시킨 시간이 너무 길면(3시간 정도) 생쥐는 불안감을 느끼고 스트레스에 능숙하게 대처하지 못했습니다. 요컨대 지나치게 엄하게 키워도 아이에게 좋지 않은 영향을 줄 수 있지요.

자녀를 인자하게 대해야 하는지 엄하게 대해야 하는지 항상 고민하실 텐데, 지금까지의 연구 결과들에 의하면 '칭찬과 채

찍을 반반씩 갖춘 육아'가 아이의 성장과 발달에 바람직한 영향을 끼친다고 정리할 수 있습니다. 물론 시간을 정해놓고 아이에게 달려갈 필요는 없겠지만, 오늘은 보챌 때 바로 안아주고 내일은 몇 초만이라도 기다렸다가 안아주는 식으로 인자함과 엄함을 두루 활용했으면 합니다. 아이는 부모의 하늘같은 사랑과 티끌만큼의 시련을 경험하며 쑥쑥 자라니까요.

최근에는 젖먹이를 혼자 재우는 부모가 늘고 있는데, 포옹 인사가 보편적이지 않은 동양에서는 타인과의 스킨십이 많지 않습니다. 따라서 아주 어렸을 때부터 혼자 자게 하면 평생 동안 스킨십 빈도가 줄어들어서 그만큼 좋지 않은 영향을 끼칠 수 있지요. 어쩌면 아이와 살갗을 맞댈 수 있는 시간은 영유아기뿐인지도 모릅니다. 그러니 아이와 함께하는 매순간을 소중히 여겼으면 합니다.

●

훈육을 하기
적당한 시기

배려심 있는 아이로 키우려면 갓난아기 때부터 엄하게 대해야 할까
요?

만 4세까지는 상대방의 눈높이에서 생각하지 못해요. 그러니 억지로
훈육하지 마세요!

'배려할 줄 아는 아이로 키우고 싶어요!'

이는 모든 부모의 바람이지요. 그런데 뇌과학 관점에서 보
면, 아이는 만 4세까지 상대방의 기분이나 마음을 정확하게 헤
아리지 못하기 때문에 억지로 훈육해도 효과가 없습니다. 그러
나 만 5세 이후부터는 타인의 감정을 이해하는 능력이 자라서

훈육의 효과를 기대할 수 있습니다.

이런 사실을 단적으로 알려주는 것이 아래 그림과 같은 상황이지요. 엄마가 화살표를 그린 종이를 들고서 아이에게 "엄마 눈에는 이 화살표가 왼쪽으로 보일까, 오른쪽으로 보일까?" 하고 묻습니다. 그러면 만 4세 이하의 유아들은 대체로 "오른쪽"이라고 답합니다. 엄마의 관점에서는 왼쪽이지만, 아이는 상대방이 보는 세계와 자신이 보는 세계를 구별하지 못하기 때문에 자기 관점에서 "오른쪽"이라고 대답하는 것이지요.[4]

만 4세 이하의 아이는 상대방의 상황이나 처지를 헤아리지 못한다

"엄마 눈에는 이 화살표가 왼쪽으로 보일까, 오른쪽으로 보일까?" 하고
물어보면 만 4세 이하의 아이들은 "오른쪽"이라고 답합니다.
만 5세가 되어 뇌가 더 발달하면 "왼쪽"이라고 정답을 말할 수 있답니다.

마찬가지로 유아는 ㅋ과 ㅌ을 종종 혼동하는데, 대칭적인 글자의 인식, 즉 두 가지 사물의 관련성을 쉽게 이해하지 못하기 때문입니다. 같은 맥락에서, 만 4세 이하의 아이들은 타인의 관점에서 생각하지 못하기 때문에 배려는커녕 민폐를 끼치는 일이 잦습니다. 아무리 화를 내고 다그쳐도 부모가 왜 자기를 혼내는지 제대로 이해하지 못하는 상황도 많습니다. 따라서 상대방의 처지를 헤아릴 수 있을 때까지는 엄격하게 훈육하기보다 그때그때 주의를 주는 정도에서 그치는 것이 더 바람직하지요 (자세한 내용은 4장 '04. 엄하게 말하기 vs. 다정하게 말하기', '05. 이유를 말해주면 아이의 행동이 달라진다' 참고).

만 4세 이하의 아이들은 시각을 통해 사물을 판단하는 힘이 부족하다는 연구 결과도 있습니다.[5] 미국 오하이오주립대학교 연구팀은 대학생과 만 4세 유아를 한데 모아놓고 시각 자극과 청각 자극 중 어떤 자극에 더 쉽게 반응하는지를 조사했습니다. 실험 결과, 대학생은 시각 자극에 100% 반응했지만, 만 4세 유아의 경우 시각 반응은 15.4%, 청각 반응은 53.8%, 시각과 청각 양쪽 반응은 23.1%로 나타났습니다. 이와 같은 사실을 통해 유아기에는 언어를 습득하기 위해 청각 자극에 대한 반응이 더 우세하다는 것을 충분히 예상할 수 있지요.

눈에 들어오는 장면만 보고 단번에 상황을 파악하는 아이는 거의 없습니다. 그러니 무턱대고 아이를 훈육하지 말고 친절한 말로 설명해주세요.

03

●

아이의 거짓말에 민감하게
반응하지 마라

Question

아이가 거짓말을 밥 먹듯이 해요.

Answer

뇌가 무럭무럭 발달하고 있다는 증거입니다. '벌써 이만큼 컸구나' 하고 따스하게 보듬어주세요!

아이가 거짓말을 하면 부모는 크게 걱정합니다. 그도 그럴 것이, 거짓말이라고 하면 우리는 남을 속이거나 배신하는 범죄를 먼저 떠올리기 때문이지요. 하지만 뇌과학의 관점에서 거짓말은 지능이 높아졌다는 증거랍니다. 뇌의 눈높이에서 거짓말은 고차원적인 행동으로, 거짓말이 성립되려면 타인의 생각을 읽어내면서 동시에 논리적으로 설명하는 능력이 충족되어야 하기 때문입니다.

아이들은 연령에 따라 거짓말의 양상이 다르게 나타납니다. 예를 들어보겠습니다.

방 한가운데에 책상을 두고 그 위에 인형이 담긴 상자 하나를 뒀습니다. 그리고 아이에게 "책상 위에 있는 상자 뚜껑을 절대로 열어보면 안 돼!" 하고 말하고 방을 나갔습니다. 그런데 아이는 어른이 나가자마자 몰래 상자 뚜껑을 열어서 무엇이 있는지 살짝 들여다보았습니다. 이런 일이 있을 때 대부분의 아이들은 상자를 열어보지 않은 척하지만 "상자 안에 뭐가 들어 있었니?" 하고 물어보면 만 3세 이하의 아이들은 "인형이 있었어요." 하고 해맑게 대답합니다.[6] 애초 열어보지 않은 시늉을 했기 때문에 끝까지 모른다고 해야 하는데, 만 3세 이하의 아이들은 아무래도 전후 사정을 고려하는 논리적 사고가 부족해 자기가 본 대로 말하는 것이지요.

거짓말 연구에서 단골손님으로 등장하는 '파란 집, 빨간 집' 이야기가 있습니다. 숲속에서 늑대에게 쫓긴 원숭이가 빨간 집으로 도망칩니다. 곧바로 늑대가 뒤쫓아 와서 아이에게 "원숭이가 파란 집으로 들어갔니? 빨간 집으로 들어갔니?" 하고 묻습니다. 이때 만 5~6세 아이들은 원숭이를 돕기 위해 "파란 집으로 들어갔어요!" 혹은 "저는 몰라요!" 하고 거짓말을 합니다. 하지만 만 3~4세 아이들은 "빨간 집이요" 하고 솔직하게 가르쳐줍니다.

만 4세 이하의 아이들은 상대방의 마음을 헤아리는 능력이 아직 부족합니다(자세한 내용은 앞의 글 '02. 훈육을 하기 적당한 시기' 참고). 따라서 적당히 둘러대는 거짓말을 못합니다(빠른 아이는 만 3세부터 거짓말하는 능력이 발달한다는 연구 결과도 있습니다).[7]

거짓말은 생존에 있어 중요한 능력 가운데 하나입니다. 어미 새는 아기 새가 포식자에게 잡아먹히려고 하면 아기 새를 구하기 위해 일부러 힘이 다 빠진 듯 비틀거림으로써 포식자의 주의를 끕니다. 또한 카멜레온은 적의 공격을 받았을 때 몸 색깔을 바꿈으로써 자신을 지킵니다. 이처럼 거짓말은 생명을 보호하는 중요한 방어 반응의 하나로 인간의 몸속에 아로새겨져 있습니다.

물론 거짓말은 바람직하지 못한 측면이 있습니다. 하지만 남을 도와주거나 자신을 보호하기 위해 거짓말을 할 수밖에 없는 상황도 분명 있습니다. 거짓을 말할 수 있다는 것은 아이의 뇌가 제대로 발달하고 있다는 증거이기도 하고요. 그러니 아이가 꾸며낸 이야기를 할 때는 '우리 아이가 벌써 이만큼 컸구나!' 하며 대견하게 지켜봐주세요.

다만 남에게 민폐를 끼치거나 상처를 주는 거짓말은 절대 하면 안 되겠지요? 그럴 때는 바로 그 자리에서 아이가 잘못을 뉘우칠 수 있게 친절한 말로 부드럽게 일깨워주셨으면 합니다 (이어지는 글 '04. 엄하게 말하기 vs. 다정하게 말하기' 참고).

●

엄하게 말하기 vs.
다정하게 말하기

Question

아이가 나쁜 행동을 저질렀을 때 벌을 줘야 할까요?

Answer

벌을 주는 건 이로움이 전혀 없습니다. 벌을 주기보다 부드러운 말로
일깨워주세요!

얼마 전까지는 아이가 잘못을 저지르면 따끔하게 혼내거나 벌
을 줘서 가르쳐야 한다는 생각이 양육의 상식으로 통했습니다.
하지만 엄격한 훈육의 장점을 소개한 연구 논문을 저는 아직
본 적이 없습니다. 체벌은 물론이고 다양한 형태의 벌은 오히
려 아이의 나쁜 행동을 강화하거나 아이를 분노쟁이로 만들거
나 성격상의 문제를 초래할 수 있다는 연구 결과가 거듭 발표

되고 있을 뿐입니다.

이유인즉, 문제행동을 일으킨 아이들은 대부분 '정신적으로 허기를 느끼고 부모의 관심을 끌기 위해 행동하는' 경우가 많기 때문입니다. 부모의 사랑을 원하는 아이에게 무거운 벌을 내린다고 해서 근본적인 문제가 해결되지는 않지요. 오히려 엄격한 훈육이 문제행동을 강화하는 경우가 더 많습니다.

지금까지 자녀교육의 달인으로 통하는 수많은 부모들을 인터뷰했는데, 공통적으로 "가르침과 분노를 구별한다"고 말했습니다. 즉 부모의 감정을 쏟아내며 혼내는 건 아이에게 전혀 의미가 없다고 목소리를 높였습니다.

이를 뒷받침하는 연구 결과가 꽤 오래 전에 미국에서 발표되었습니다. 1965년, 스탠퍼드대학교의 조나단 프리드먼 Jonathan Freedman 박사 연구팀이 연구를 통해 '엄격한 훈육보다 자상하게 말을 걸어주는 것이 아이에게는 더 효과적'이라는 사실을 발견한 것입니다.[8]

이 연구에서는 캘리포니아 지역의 만 7~10세 초등학생 소년 40명을 한 방에 모아놓고 5가지 장난감을 가지고 놀게 했습니다. 장난감 4개는 구하기 쉽고 비교적 저렴한 것들(플라스틱 잠수함, 플라스틱 트랙터, 야구 글러브, 장난감 권총)이고, 나머지 하나는 당시 최신 기술로 만든 값비싼 로봇 장난감이었습니다. 이 장난감들 중에서 아이들에게 가장 인기 있었던 것은 로봇 장난감이었습니다.

그 후 연구팀은 아이들을 두 그룹으로 나누어서 한 그룹에는 무시무시한 목소리로 "너희들, 절대 이 로봇에는 손대지 마! 만약 로봇을 만지면 무서운 벌을 내릴 거야!" 하고 윽박질렀습니다. 또 다른 그룹에는 부드러운 목소리로 "얘들아, 로봇은 만지면 안 돼요. 로봇을 가지고 노는 것은 좋지 않으니까 꼭 지켜주세요" 하고 친절하게 부탁하듯 말했습니다. 6주 후, 다시 아이들을 모아놓고 장난감을 가지고 놀게 했는데, 무섭게 훈육한 그룹에서는 77%의 아이들이 로봇 장난감에 손을 댔습니다. 한편 친절하게 부탁한 그룹에서는 33%의 아이들만 로봇 장난감을 만졌습니다. 아이들은 무섭게 야단치면 '약 2.3배나 말을 듣지 않는다'는 결과를 얻은 셈이지요.

실제로 감정적으로 다그치면 아이들은 문제행동을 되레 되풀이합니다. 물론, 친구를 때리거나 아이가 상처를 입거나 생명에 위험한 행동을 할 때는 단호하게 타일러 잘못된 행동을 확실히 바로잡아주어야 합니다. 감정적으로 대응하는 훈육은 바람직하지 못하지만, 생명과 관련된 행동이라면 평소보다 목소리를 높여서 잘못을 일깨워주어야 합니다. 부모가 얼마나 속상하고 슬픈지 아이에게 알리기 위해 눈물 연기를 하는 것이 효과적일 때도 있습니다.

아이가 바람직하지 못한 행동을 저질렀을 때는 '바로 그 자리에서' 주의를 주는 것이 중요합니다. 시간이 지나고 나서 "그때 그랬어야지" 하고 야단치면 아이의 행동은 바뀌지 않습니다. 하지만 즉석에서 타일러 가르치면 아이의 행동은 극적으로 달라집니다.

구체적인 훈계 방법은 이어지는 글 '05. 이유를 말해주면 아이의 행동이 달라진다'에서 소개합니다.

●

이유를 말해주면
아이의 행동이 달라진다

효과적으로 혼내는 방법을 가르쳐주세요.

"왜냐하면~" 하고 이유를 설명하면서 타일러주세요!

유치원 강연회에 참석하기 위해 전철을 탔을 때의 일입니다. 바로 앞에 젊은 엄마와 다섯 살 정도 돼 보이는 남자아이, 그리고 그 남동생이 앉아 있었습니다. 그런데 두 아이가 갑자기 자리에서 일어나더니 신발을 신은 채 의자 위로 올라가서 창문 너머 경치를 보기 시작했습니다. 그 순간 엄마가 "너희들 지금 뭐 하는 거야? 빨리 앉지 못해!" 하고 소리를 지르며 억지로 아이들을 자리에 앉혔습니다. 그러나 두 아이는 잠시 뒤에 다시 의자 위로 올라서려 했고, 연이어 엄마의 고함소리가 들려왔습니다. 불과 15분 동안의 일이었지만 화내고 윽박지르는 엄마와 하지 말라는 행동을 반복하는 아이들의 모습이 지금도 눈에 아른거립니다.

"넌 도대체 왜 그러니?", "안 돼!", "그만두지 못해!"는 주위에서 흔히 들을 수 있는 훈계입니다. 그런데 이런 훈육은 아이에게 의미가 없다는 사실을 아시나요? 효과는커녕 문제행동을 반복하게 할 따름입니다.

자녀교육의 고수일수록 강압적으로 "안 돼!"라는 금지어만 외치지 않습니다. 오히려 "위험'하니까' 안 돼요. 혼자 타는 전철이 아니라 다 같이 타야 '하니까' 남에게 피해를 주는 행동을 해서는 안 돼요!" 식으로 그 행동을 하면 안 되는 이유를 차분하게 전해줍니다. '과연 효과가 있을까? 정말 이유만 말해주면 된다고?' 하며 고개를 갸우뚱하는 독자도 있을 텐데, 아이들은 이해할 수 있게 이유를 설명해주면 잘못된 행동을 멈추거나 적어도 문제행동의 수위를 낮추려고 합니다.

아이에게 근거나 이유를 전달했을 때 거둘 수 있는 실효와 관련해 하버드대학교의 엘렌 랭거Ellen Langer 교수 연구팀이 흥미로운 실험을 진행했습니다. 복사기 앞에 길게 줄 서 있는 학생들에게 다가가 "죄송하지만 5장만 먼저 복사해도 될까요?" 하고 물어보는 실험이었습니다. 실험 결과 약 40%가 그 부탁을 거절했습니다. 자신은 줄을 서서 기다리는데 누군가 불쑥 끼여

들면 기분 좋은 사람은 없겠지요. 그런데 "죄송하지만 5장만 먼저 복사해도 될까요? 왜냐하면 아주 급한 일이 생겨서요" 하고 이유를 밝혔더니 94%의 학생들이 순순히 순서를 양보해주었다고 합니다.[9]

이유를 설명해주는 일은 얼핏 대수롭지 않게 보이지만 '까닭이나 근거'가 이성을 관장하는 앞이마엽에 작용해서 행동을 변화시키는 효과를 불러옵니다(타인의 어떤 언행이 자신의 무의식적 행동 또는 자동적 행동을 유발한다는 의미에서 '자동성Automaticity 효과'라고 부릅니다). 실제로 유치원생 자녀를 둔 부모들을 인터뷰해보니 말을 잘 듣지 않는 아이일수록 부모가 안 된다고만 할 뿐 왜 안 되는지 이유를 설명해주지 않는 경우가 많았습니다. 뇌의 앞이마엽은 20대까지 발달하는데, 아이에게 문제행동을 하지 말아야 하는 근거와 까닭을 말해주면 앞이마엽의 발달을 촉진시키는 효과도 얻을 수 있지요.

얼마 전의 일입니다. 여섯 살 조카가 이동 중인 차 안에서 스마트폰으로 줄곧 동영상만 보고 있어서 "이제 스마트폰 그만 보면 안 될까? 왜냐하면 어두운 곳에서 오랫동안 스마트폰을 보면 눈이 나빠지거든. 눈이 나빠지면 이다음에 커서 파일럿 되기 힘들 텐데" 하며 이유를 차분히 설명해주었습니다. 그랬더니 그다음부터는 스마트폰으로 동영상을 보고 싶을 때마다 "삼촌, 조금만 봐도 돼요?" 하고 물었습니다.

이유를 말해주는 것은 사소한 일이지만, 의외로 도움이 될 때가 많습니다. 꼭 실천해보고 '왜냐하면'의 효과를 직접 확인하셨으면 합니다.

대개 "안 돼!" 하는 큰소리에서 그칠 때가 많은데, 베테랑 부모일수록 아이에게 주의를 준 다음에 '하지만'이라는 말을 덧붙입니다. "지금은 다른 사람한테 방해가 되니까 안 된단다. '하지만' 집에 가서 다시 하자꾸나!"처럼요.

'하지만'이라는 접속사 뒤에 대부분 부정어가 올 것이라고 예상하는데, 예측과 달리 긍정적인 표현이 오면 뇌는 그 메시지를 한결 쉽게 받아들입니다. 따라서 아이를 혼내야 할 때는 '하지만'이라는 단어를 적극 활용하세요. 예를 들면 "어쩌다 일을 이렇게 크게 만들었어? 집이 엉망이 되었잖아! '하지만' 언제나 엄마를 생각해주는 ○○이를 엄마가 무지무지 좋아하는 거 알지?" 식으로 '하지만'의 반전을 실천하는 것이죠. 그러면 아이는 더 놀랍고도 드라마틱한 반전을 보여줄 겁니다.

아이에 따라 칭찬 방법과
횟수가 달라져야 한다

칭찬이 아이들에게 좋다는데, 제대로 칭찬하는 방법을 알고 싶어요.

나이에 따라 칭찬하는 방법을 바꾸세요!

꽤 오래전부터 전 세계 학자들이 칭찬을 주제로 연구를 진행해 왔고, 칭찬의 장점과 이점을 소개하는 논문도 다수 발표되었습니다. 다만, 아이의 능력이나 재능을 칭찬하면 오히려 아이에게 나쁜 영향을 끼칠 수 있다는 점에서 칭찬도 신중하게 할 필요가 있습니다.

 이와 관련해 세계적으로 유명한 연구 결과가 있습니다. 미국 스탠퍼드대학교의 심리학과 캐롤 드웩Carol Dweck 교수 연구팀이 발표한 것인데요.[10] 대체로 어른들은 "○○이는 계산도 빠르고, 머리가 참 좋아!", "어떻게 이런 그림을 그렸지? 너는 정말 천재구나!" 하며 아이의 재능이나 능력 자체를 칭찬할 때가 많은데, 이런 칭찬을 자주 듣는 아이는 정작 어려운 과제에 도전하지 않으려 한다는 다소 충격적인 내용입니다. 성과 혹은 결과물에 대한 칭찬이나 머리가 좋다는 칭찬을 듣는 순간 '머리가 좋다는 것은 문제를 해결하는 것'이라고 마음에 새기고 계속해서 칭찬을 받을 수 있는 해결 가능한 문제에만 몰두하기 때문입니다. 어려운 문제는 되도록 피하고요(이와 반대로, 전혀 칭찬을 받지 않은 그룹이 능력을 칭찬받은 그룹보다 어려운 문제에 더 의욕적으로 도전한다는 결과도 있습니다).

한편 칭찬하는 방법을 달리 하면 아이는 복잡한 과제에도 도전하려고 애쓴다는 사실도 확인되었습니다. 그 방법은 능력을 칭찬하는 것이 아니라 '노력'을 칭찬하는 것입니다. 예를 들어 목표를 향해 나아갈 때 누군가 곁에서 "항상 노력하는 모습이 정말 멋지구나!"라는 칭찬을 해주면 자신의 노력을 인정받아서 기쁘고, 기쁘니 더 열심히 노력합니다. 이렇게 노력 자체를 칭찬받으면 확실한 동기부여가 되어 복잡한 과제에 도전하려는 행동이 강화됩니다.

아이가 어른이 되어 성공한 인생을 살아가려면 단순히 지능 지수보다 시련을 극복하는 힘, 즉 '회복탄력성resilience'이 필요합니다(자세한 내용은 3장 '04. 놀면서 회복탄력성을 키우는 법' 참고).

그런 의미에서 노력과 행동을 칭찬하는 건 시련을 극복하는 역량을 기르는 데 효과적인 방법의 하나라고 할 수 있습니다. 요컨대 재능 그 자체를 칭찬하기(계산이 빠르다, 운동을 잘한다, 그림을 잘 그린다 등)보다는 노력, 단계, 과정을 칭찬하는 것이 아이에게 더 크게 도움이 됩니다.

연령에 따라 방법을 달리 하는 칭찬의 기술도 필요합니다. 0~3세 아이들에게는 칭찬 횟수를 늘리는 것이 효과적입니다. 영유아기에는 칭찬의 의미를 오롯이 이해하지 못하지만 '칭찬을 받는다=나에게 관심을 가져준다'라고 생각해 안정감을 느끼지요. 안정감은 자기긍정감으로 자연스럽게 이어지고요. 실제로 엄마가 자주 웃어주거나 말을 자주 걸어준 아이는 빨리 걷고, 따뜻한 말을 들으며 사랑을 듬뿍 받고 자란 아이는 그렇지 못한 아이보다 뇌 발달 속도가 2배 이상 빠르다는 연구 결과도 있습니다(만 6세까지의 양육 방식이 아이의 뇌 발달을 상당 부분 좌우합니다).[11]

또한 만 4~5세 아이는 만 11~12세 초등학생에 비해 칭찬 내용보다 칭찬 횟수에 민감해서 칭찬을 많이 들을수록 인정받는다고 느낍니다.[12] 아이가 어릴수록 애정 표현의 하나로 칭찬을 자주 해주는 것이 중요하다는 뜻이지요.

그러나 아이가 초등학교에 들어가면 생각이 커져서 칭찬 횟수를 늘리는 건 효과적이지 않습니다. 특히 초등학교 고학년에게 칭찬을 너무 자주 해주면 아이의 뇌가 그 칭찬을 당연하게 받아들여 행동이 제대로 강화되지 않습니다. 오히려 언제 칭찬 받을지 모르는 '가끔', '이따금'의 상황에서 칭찬을 받으면 뇌는 기대감이 높아져서 확실한 행동으로 이어질 수 있습니다(이를 전문용어로 '부분강화 효과partial reinforcement effect'라고 합니다).

드물지만, 자신감이 없는 아이는 칭찬을 받아도 긍정적으로 받아들이지 못해서 칭찬 효과가 떨어질 수 있습니다.[13,14] 아울러 사람들이 보는 앞에서 칭찬을 들으면 반감을 갖는 아이도 있습니다. 이는 어디까지나 사례이지만, 아이마다 칭찬 효과가 다를 수 있다는 사실은 염두에 두셨으면 합니다.

칭찬할 대상은 아래의 5가지로 분류할 수 있습니다.[15] 다만, 두 번째 항목인 '능력'을 칭찬해주면 앞서 설명했듯 아이가 어렵고 힘든 과제에 도전하지 않을 수도 있으니 성과가 아닌 노력(행동, 과정)에 포인트를 두고 칭찬해주어야 합니다.

[칭찬할 대상]

1. **겉모습** : 초롱초롱한 눈빛, 머리 모양, 패션 센스 등

2. **능력** : 집중을 잘한다, 리더십이 있다, 색감이 좋다 등

3. **소유물** : 가방, 장난감, 그림책, 도감, 인형, 아이가 만든 작품, 생물, 지식 등

4. **인격, 우정** : 차례 지키기, 집안일하기, 규칙이나 약속 지키기 등

5. **기타** : 생활습관, 정리정돈, 예절, 인사 등

대부분의 아이들은 노력을 칭찬받으면 긍정적으로 받아들

이고 재능을 더 발달시켜나갑니다. 특히 자녀가 초등학생 이상이라면 기회를 잘 포착해서 노력과 과정을 칭찬해주세요. 시의적절한 칭찬 한마디가 아이의 마음에 파고들어서 도전정신을 더더욱 왕성히 발휘하게 할 테니까요.

07

●

성과 중심의 보상은
관심과 의욕을 떨어뜨린다

Question

의욕을 불어넣기 위해 보상을 해주는 게 나을까요?

Answer

보상이 아이의 의욕을 앗아갈 때도 있습니다. 물질적 보상보다는 정신적 기쁨을 주세요!

'당근을 매달아놓고 아이의 의욕을 끄집어낸다'는 말이 있습니다. 이는 옛날 부모들이 아이의 행동을 끌어내기 위해 일상적으로 사용했던 보상 방법입니다. 최근에는 저출산의 영향으로 아이에게 물질적인 보상을 해주는 부모나 조부모가 더 많은 것 같습니다.

그런데 보상의 역효과를 지적한 심리학 논문들이 심심찮게 보입니다. 특히 학습이나 업무와 연관된 의욕의 경우 물질적 보상이 '자발적 의욕(내적 동기)'을 떨어뜨릴 수 있다고 합니다.

이와 관련해서 삼차원 퍼즐 장난감인 소마 큐브Soma cube를 이용한 퍼즐 실험이 유명합니다.[16] 아이들에게 30분 동안 퍼즐 게임을 하게 한 다음 휴식 시간을 주었는데, 대부분의 아이들은 놀이가 너무 재미있다며 휴식 시간에도 계속 퍼즐 게임을 했습니다. 이때 연구자가 아이들의 의욕을 더 고취시키려고 "퍼즐을 맞추면 1달러를 줄게!" 하고 보상을 제안했습니다. 그러자 아이들은 처음에는 퍼즐에 집중했지만 퍼즐을 다 맞춘 후에는 더 이상 퍼즐을 쳐다보지 않았습니다. 이는 보상 자체가 목적이 되어버리고, 퍼즐을 향한 관심(의욕)이 줄어들었기 때문이지요. 이를 전문용어로 '언더마이닝 효과undermining effect(사기를 떨어뜨린다는 의미)'라고 부릅니다.[17]

한편 미국 프린스턴대학교의 샘 그룩스버그Sam Glucksberg 교수 연구팀에 따르면, 뇌를 쓰지 않는 단순 작업에는 보상이 효과적이라고 합니다. 2011년에 발표된 연구 사례에서는 성과에 대한 보상은 의욕을 떨어뜨리지만, 노력에 대한 보상은 의욕을 높인다고 분석했습니다.[18] 물질적인 보상보다 언어적 보상, 즉 칭찬 한마디가 의욕을 높인다는 연구 결과도 있고요.

보상을 물건으로 받았을 때의 기쁨은 시간이 지나면 사라지지만, 따스한 응원과 진심 어린 칭찬을 들었을 때의 기쁨은 오래오래 마음에 남습니다. 요컨대 정신적인 기쁨은 아이의 의욕을 샘솟게 하는 으뜸 보상이니 칭찬할 땐 물건보다 진심 어린 말 한마디를 건네세요.

＋
플러스
뇌과학
이야기
＋

인재 평가 방식으로 점수를 깎는 감점법과 점수를 주는 가점법이 있는데, 의욕 고취 면에서 감점법은 바람직하지 못한 방법이라는 연구 결과가 있습니다.

네덜란드의 로테르담에라스무스대학교의 더크 판 디에렌동크 Dirk van Dierendonck 교수 연구팀은 감점법으로 평가받으면 업무 수행력이 떨어진다고 분석했습니다. 연구팀은 실험 참가자를 두 그룹으로 나누어서 한 그룹은 오답을 낼 때마다 보수를 깎고(감점 방식), 다른 그룹은 오답을 내도 보수에 영향을 주지 않는 채점 방식을 도입했습니다. 이후 실험 참가자들이 잠을 자고 아침에 기상했을 때 시험 문제를 얼마나 기억하는지를 조사했습니다. 그 결과 틀릴 때마다 보수를 깎은 그룹(감점 방식)의 기억력이 현저히 낮았습니다.

누군가에게 평가를 받을 때 단점만 지적당하면 기분이 나쁘고 업무 수행력도 저하됩니다. 아이도 마찬가지지요. 바로 이것이 아이를 평가할 때 단점이나 부정적인 측면보다 장점이나 긍정적인 측면에 더 관심을 가져야 하는 이유입니다.

08

너무 엄격한 훈육은
부정적인 영향을 끼친다

아들이건 딸이건 모두 임하게 키워야 할까요?

너무 엄격하게 대하면 아들은 규칙을 잘 지키지 않고, 딸은 매사 계산 하고 따지는 성격으로 자랍니다!

엄격한 훈육이 아이에게 미치는 영향을 연구한 결과들이 많지 만 통계 위주라서 개개인에게 적용하기는 어려울 듯합니다. 다 만, 큰 흐름을 알아두면 내 아이에게 맞는 최적의 양육 방식을 좀 더 수월하게 찾을 수 있지요.

그런 의미에서 솔깃한 연구를 하나 소개합니다. 오래전부터, 같은 방식으로 키워도 아들이냐 딸이냐에 따라 성격이 달라진다는 이론이 지배적이었는데, 여기에 기름을 끼얹은 흥미진진한 연구입니다.

2016년 7월, 일본 경제산업연구소RIETI에서 발표한 프로젝트 논문 가운데 일본인 1만 명을 대상으로 실시한 대규모 리서치가 있습니다.[19] 구체적인 내용을 살펴보기 전에 부모의 양육태도를 크게 네 가지로 구분하겠습니다(부모의 양육 태도에 대한 자세한 설명은 5장 '02. 아이의 장래 소득을 좌우하는 부모의 양육 태도' 참고).

1. **민주형** : 엄격함과 자상함이 적절히 균형 잡힌 유형
2. **독재형** : 지나치게 강압적인 유형
3. **허용형** : 지나치게 허용적인 유형
4. **방임형** : 기준이나 규칙이 없고 아이에게 전혀 관심이 없는 유형

해당 리서치에서는 부모의 양육 태도에 따라 아이가 성인이 되었을 때 어떤 성격을 보이느냐를 집중적으로 연구 조사했습니다. 그 결과 어린 시절에 독재형 가정에서 자라난 남자아이는 어른이 되었을 때 '준법정신이 투철하지 못할' 가능성이 높은 것으로 분석되었습니다(비리와 부정을 신고하지 않아도 괜찮다고 생각하거나 탈세가 허용된다는 답변이 많았습니다). 대체로 부모가 엄격할수록 법규를 잘 지키는 어른으로 자라날 것 같지만, 지나치게 엄격한 가정에서 자라난 남자아이의 경우 오히려

반대로 성장할 확률이 높다는 것입니다. 요컨대 훈육도 중요하지만 지나치게 엄격하면 자녀에게 부정적인 영향을 끼칠 수 있지요.

반면에 여자아이는 독재형 가정에서 자라도 규칙이나 법을 잘 지킬 가능성이 높은 것으로 나타났습니다. 다만 지나치게 엄격한 환경에서 자라면 다른 부작용이 생겨날 수 있다고 합니다. 설문 중에 '편의를 도모하기 위해서는 마땅히 돈을 지불해야 한다'와 '부정한 돈에 부득이하게 손을 댈 수도 있다'라는 질문이 있었는데, 부모가 강압적일수록 '그렇다'에 표시한 사례가 많았습니다(민주적 환경에서 자라난 여자아이는 이 항목에서 '아니다'를 선택했습니다). 말하자면, 훈육만 앞세우는 가정에서 자란 여자아이는 매순간 이해득실만 따지거나 타산적인 성향으로 자라날 가능성이 높지요.

물론 한 사람의 성격은 부모의 양육 태도뿐 아니라 환경 요인 등 다양한 요소가 서로 얽히고설키어 형성되기에 단순히 이 통계 자료가 옳다고 단정 지을 수는 없습니다. 하지만 아이를 키울 때 참고가 될 만한 정보임에는 확실합니다.

어느 정도의 엄격함은 아이의 능력을 키우는 데 필요합니다. 다만, 엄격함의 정도가 지나치면 아이의 성격 형성에 좋지 않은 영향을 끼칠 수 있다는 점은 유념해주셨으면 합니다.

"엄격한 훈육이 아이에게 나쁜 영향을 줄 수 있어요"라고 강연회에서 이야기하면 어떻게 키워야 하는지 구체적으로 가르쳐 달라고 하는 분들이 많습니다. 이와 관련해 19세기 중엽 일본 에도시대 말기에 자수성가로 가문을 재건한 농민정치가 니노미야 손토쿠二宮尊徳가 남긴 명언을 소개합니다. 그는 자녀교육의 이상향을 다음과 같이 표현했습니다.

"귀한 자식일수록 다섯 가지를 헤아려 세 가지를 칭찬해주고 두 가지를 꾸짖으면 반듯하게 자라날 것이다."

육아의 본질은 칭찬과 훈육에 있는데, '세 가지를 칭찬하고 두 가지를 나무라는 균형'이 중요하다는 의미이지요. 제가 연구실에서 자녀교육의 대가를 인터뷰했을 때도 이와 비슷한 말을 들었습니다. 칭찬과 훈육에서 갈팡질팡하는 부모들에게 힌트가 되지 않을까 싶습니다.

09

아들을 오냐오냐하고 키우면
안하무인으로 자랄 수 있다

Question

아이가 너무 사랑스러워서 응석을 다 받아주게 되네요. 괜찮을까요?

Answer

아들의 경우 응석을 다 받아주면 참을성을 키우지 못할 수도 있어요!

요즘 워낙 출산율이 적다 보니 "눈에 넣어도 안 아픈 내 자식" 하며 엄마 아빠는 물론 할아버지 할머니까지 아이의 응석을 받아주는 가정이 많습니다. 하지만 최근 연구에서 '응석을 모두 받아주는 건 아이의 소중한 능력을 앗아갈 수 있다'는 결과가 나온 만큼 조심하셔야 할 것 같습니다.

중국에서는 1979년부터 2015년까지 한 자녀 낳기 정책을 시행했습니다. 그 결과 부모와 외가·친가 조부모 모두 한 아이를 너무 애지중지 예뻐해서 제멋대로 굴거나 자기조절 능력을 상실한 아이들이 늘어났습니다.[20] 중국에서 발표된 한 논문에서 '부모가 육아에서 가장 고민하는 부분은 버릇없는 아이다'라고 지적했을 정도입니다.[21]

응석과 직접적인 관련은 없지만, 중국의 한 논문에 의하면 외동아이는 협동심이 부족하다고 합니다(뇌를 스캔하니 외동아이는 형제자매가 있는 아이에 비해 타인과의 관계에서 자신을 받아들이는 기능과 관련된 뇌 부위인 내측 앞이마엽 겉질mPFC: medial prefrontal cortex이 작았습니다).[22] 다만, 외동아이는 마음의 유연성과 창의력을 관장하는 마루엽(두정엽)의 회백질 부위가 크다는 점에서 창의력이 뛰어나다는 사실도 보고되었습니다.

일본에서 이뤄진 연구에서는 오냐오냐하고 받아주기만 하는 가정환경에서 자란 남자아이는 그렇지 않은 가정에서 자란 남자아이에 비해 성인이 되었을 때 규칙을 잘 지키지 않고 황금만능주의(타산적 인간형)에 빠질 확률이 높다는 결론을 얻었습니다.[23]

그러나 여자아이는 응석받이로 자라도 남자아이처럼 버릇없을 확률이 낮습니다. 여자아이의 경우 부모가 응석을 다 받아주더라도 부모의 의도를 간파해서 나름대로 판단하는 안목이 있기 때문이지요. 그러나 장래에 부모를 보살피려는 마음이 줄어든다는 연구 결과가 있습니다.

요즘 유치원이나 어린이집의 원장 선생님을 만날 때마다

"부모님들이 아들을 너무 오냐오냐 키우는 경향이 있어서 선생님들이 아주 힘들어해요!"라는 하소연을 자주 듣습니다. 실제로 남자아이는 여자아이에 비해 주변 분위기를 세심하게 살피는 능력이 늦게 발달하는데, 그 영향으로 응석받이 아들들은 타인에게 민폐를 끼치거나 규칙을 지키지 않는 자신을 되레 과시할 수 있다고 합니다. 즉 남자아이는 응석을 받아주면서 키우면 안하무인이 될 수 있습니다.

응석을 받아주는 건 진정한 사랑이 아닌 마약과 같은 것으로, 부모와 자녀는 일시적으로 달콤한 기분에 젖겠지만 장기적으로 보면 아이가 능력을 발휘할 기회를 앗아가는, 아이에게 독이 되는 양육 태도입니다. 실제로 너무 귀하게 자란 남자아이는 인내심을 모르고 충동을 억제하지 못하는 탓에 도박이나 마약에 빠지거나 범죄를 저지르는 사례가 있다는 내용의 논문이 학계에 심심찮게 보고되고 있습니다.

"칭찬과 훈육 중에서 어느 쪽이 더 중요하나요?" 하는 질문을 자주 듣는데, 단도직입적으로 대답하면 '칭찬과 훈육 둘 다 똑같이 중요'합니다. 당근과 채찍이라는 비유가 적절하지 않을지 모르지만, 엄격함과 자상함을 두루 활용해야 아이의 마음이 건강하게 자라납니다.

10

사랑받고 자란 아이가
행복한 가정을 꾸린다

(Question)

아이가 이다음에 행복한 가정을 꾸려나가도록 도움을 주고 싶어요.

(Answer)

애정을 담뿍 담아서 키우세요!

"아이가 어른이 되었을 때 사회생활을 잘하고 가정도 행복하게 꾸려나가면 좋겠어요."

이는 모든 부모의 소망이지요. 미국 캘리포니아대학교 연구팀은 여자아이의 결혼과 관련해 아주 흥미로운 논문을 발표했습니다. 당시 21세 여성들을 30년간 추적 조사한 결과 '부모의 사랑을 듬뿍 받고 자란 여자아이들 중 95%가 결혼했다'는 사실입니다. 구체적인 분석 결과는 다음과 같습니다.

- 어린 시절 부모의 사랑을 충분히 받은 여성

  → 결혼율 95%, 이혼율 25%
- 어린 시절 부모의 사랑을 충분히 받지 못한 여성

  → 결혼율 75%, 이혼율 50%

==부모의 관심과 사랑을 듬뿍 받고 자란 여자아이는 상대를 배려하고 적극적인 여성으로 성장합니다.== 이혼율이 25%라는 점에서 배우자와 친밀한 관계를 형성한다고 추측할 수 있지요.

저는 연애의 달인과 연애 초보를 상담하기도 하는데, 연애에서 삐거덕대는 사람일수록 부모 사이가 원만하지 않거나 부모의 사랑을 충분히 받지 못한 사례가 많았습니다. '아이는 부모를 비추는 거울'이라는 말이 있습니다. 어릴 때부터 결혼에 대한 이미지가 나쁘면 아이의 인생에도 부정적인 측면이 고스란히 투영되기 쉽습니다. 아이가 보는 앞에서 배우자의 험담을 늘어놓거나 부부싸움을 하면 그 기억들이 아이의 머릿속에 새겨져 결혼과 관련해 부정적인 고정관념을 굳혀나가겠지요.

부부가 서로 칭찬해주고 배우자를 지지해줄수록 아이는 절로 행복한 가정을 꾸려나갈 수 있다는 점, 잊지 마세요(원만한 부부관계에 대해서는 5장 '05. 화목한 가정만큼 아이 성장에 좋은 밑거름은 없다' 참고).

11

●

내 아이를 위한
힘 빼기 육아

Question

아이가 긴장할 때가 많은데, 긴장을 풀어주려면 어떻게 해야 할까요?

Answer

부모가 먼저 마음의 여유를 가져야 합니다. 그리고 결과보다 과정을
소중히 여겨주세요!

아이가 긴장하는 이유는 크게 두 가지로 볼 수 있습니다. '부모
가 긴장해서', 그리고 '부모가 무관심해서'입니다.

먼저, 육아에 너무 신경을 쓴 나머지 부모가 심하게 긴장하
면 아이도 긴장하기 마련입니다. 긴장한 부모를 본 아이는 '미
러 뉴런mirror neuron(거울 신경)'이라는, 눈앞에 보이는 사람의 감
정을 자신의 내면에 거울처럼 재현하는 신경세포를 통해 똑같

이 긴장하고 맙니다. 눈물을 흘리는 사람을 보면 자신도 모르게 눈가가 촉촉해질 때가 있는데 바로 이것이 미러 뉴런, 즉 거울 신경이 작동하는 순간입니다. 하품이 전염되는 것도 거울 신경 때문이지요.

항상 아이를 위해 부모로서 해야 할 일만 고민하다 보면 육아를 너무 어렵게 생각하게 되고, 너무 진지하게 육아에 몰두하면 바짝 긴장한 나머지 뇌 일부가 위축해서 수행력이 떨어질 수 있습니다. 그 결과 부모뿐 아니라 아이의 능력까지 저하될 수 있으니 유념해야겠지요. 최고의 육아를 하기 위해서는 '릴랙스'가 가장 중요합니다. 무엇보다 부모와 자녀 모두 힘을 빼고 긴장을 풀어야 해요.

아이에게 건네는 말도 아이의 마음에 크게 영향을 끼칩니다. 부모가 완벽주의자거나 결과만 인정해주면 아이는 굉장히 부담감을 느낍니다. 약간의 부담감은 실력 향상에 도움이 되겠지만, 도가 지나치면 본래 갖고 있던 능력까지 제대로 발휘하지 못할 수 있습니다. 비즈니스에서 스포츠까지 분야를 불문하고 행복과 성공의 두 마리 토끼를 잡은 사람을 보면 성과가 성공을 결정하는 것이 아니라 '사소한 행동이라도 한걸음 내딛는 것이 성공'이라는 생각이 듭니다. 요컨대 결과보다 과정을 중요시하는 것이 성공에 가까워지는 방법이지요.

성과나 결과물은 자신의 외부에 있기 때문에 100% 컨트롤할 수 없지만, 자신의 행동 자체는 어느 정도 컨트롤할 수 있습니다. 최선을 다한 뒤에 얻어지는 성과는 어떤 결과라도 멋진 전개로 이어집니다. 성과를 올리는 것보다 목표를 향해 나아가는 과정을 소중히 여기는 일, 이런 삶의 철학을 가르쳐주면 아이는 긴장을 풀고 더 많은 잠재력과 재능을 펼칠 수 있습니다.

아이가 긴장하는 두 번째 이유는 부모가 말을 잘 걸어주지 않거나 스킨십이 부족해서, 즉 '부모가 자녀에게 무관심해서 (혹은 무관심한 것처럼 보여서)'입니다. 아이에게 부모는 자신의 생사를 좌우할 만큼 중요한 존재이기 때문에 부모의 사랑과 관심이 제대로 전달되지 않으면 불안감을 느끼고 부정적인 생각에 휩싸이고 맙니다. 그 결과 바짝 긴장하게 되지요.

부모가 너무 챙기거나 너무 방임해도 아이는 마음의 안정을 느끼지 못하고 불안해합니다. 자율성을 인정해주면서 때로 조언해주고 따스한 눈길로 아이를 지켜주는 균형감이 육아의 으뜸 덕목입니다.

덧붙이자면, '힘 빼기'는 학습에서 운동까지 다양한 재능을 끌어올린다는 사실이 여러 연구에서 밝혀졌습니다. 예를 들어 긴장을 풀면 기억력이 향상되고 시험 성적에도 좋은 영향을 미칩니다. 또한 타석에 섰을 때 온몸에 힘이 들어가 있으면 타율이 저조하다는 연구 결과도 있습니다.

아이만 보면 자신도 모르게 어깨에 힘이 들어간다면 꽉 조인 육아 나사를 조금만 느슨하게 푸는 이미지를 머릿속에 그려주셨으면 합니다.

껌을 씹는 행동도 '힘 빼기'에 효과적입니다. 씹는 행동이 뇌의
중추에 작용해서 행복 호르몬인 세로토닌을 분비시키기 때문
입니다.[24] 세로토닌이 분비되면 긴장이 스르르 풀리면서 뇌 기
능이 향상되고, 그 결과 학습 능력부터 스포츠 실력까지 효율적
으로 향상시킬 수 있습니다.

프로야구 경기에서 선수들이 껌을 씹는 장면을 흔히 볼 수 있지
요. 이는 심심풀이로 껌을 씹는 것이 아니라, 씹는 행동이 홈런
칠 확률을 높여준다는 사실을 선수들은 경험으로 알기 때문입
니다. 아이가 사소한 일에도 바짝 긴장한다면 껌을 가까이 두고
씹어보게 하세요. 아이의 표정이 한결 부드러워질 거예요.

Chapter 5

부모의 태도,

인　　재　　로

성장시키는 법

01

●

아이와 대화가 힘들다면
리액션부터 연습해라

Question

아이에게 신뢰감을 주고 싶어요.

Answer

아이의 말에 맞장구만 쳐줘도 신뢰가 착착 쌓입니다!

아이와의 사이에 왠지 모를 벽이 느껴진다는 부모들이 있는데, '뭔가'가 부족할 때 부모와 자녀 사이가 서먹대기 쉽습니다. '뭔가'란 신뢰관계이지요. 우리는 신뢰하지 못하는 사람에게 "이제 그만해" 하는 훈계를 들으면 반발심이 먼저 생깁니다. 반대로, 진심으로 신뢰하는 사람이 "이제 그만하면 어떨까?" 하고 조언하면 일단은 그 말에 귀를 기울이려고 노력합니다.

요즘은 부모 모두 바쁘게 생활하다 보니 아이와 함께 보내는 시간이 줄어들어서 충분한 신뢰관계를 맺지 못하는 가정이 날로 늘어나는 것 같습니다. 그런 가정을 위해 아이와 가까워지는 방법을 소개합니다.

그 방법은 아이가 내뱉은 말을 똑같이 앵무새처럼 되풀이해주는 것입니다. 상대방의 말을 잘 듣고 그의 마음을 헤아려 말에 반영한다는 뜻에서 전문용어로 '리플렉티브 리스닝reflective listening', 즉 '반영적 경청' 또는 '공감적 경청'이라고 합니다. 구체적인 예를 들면 "오늘 정글짐에서 놀았어!" 하고 아이가 말을 걸어오면 "어머, 그랬구나. 오늘은 정글짐에서 재미나게 놀았구나!" 식으로 아이가 한 말을 되풀이해 말하며 맞장구를 칩니다. 아이가 하는 말을 적극적으로 호응해주기만 해도 신뢰를 쌓을 수 있습니다.

대체로 아이들은 '나를 이해해줬으면' 하는 욕구가 무척 강합니다. 그래서 곁에 있는 사람이 자신의 말을 그대로 맞장구쳐주면 '나를 이해하는구나' 하고 생각하며 안심합니다. 더불어 뇌에서 '나를 이해해주는 사람=신뢰할 수 있는 사람'이라는 도식이 생기면서 상대방을 향한 진정한 믿음을 쌓아가지요.

얼마 전에 "아이가 저랑 대화하려고 하지 않아요" 하며 상담실을 찾은 엄마가 있었는데, 사정을 들어보니 아이가 하는 이야기에 맞장구는커녕 "이렇게 해", "저렇게 하지 마" 하며 아이를 늘 몰아세웠다고 합니다. 어린아이도 부모가 자신을 이해해주는지 아닌지는 바로 압니다. 매일같이 부모가 잔소리만 늘어놓고 정작 자신을 이해해주지 않으면 아이는 불안감을 느끼지요. 이 엄마에게도 맞장구치기를 추천했는데 얼마 뒤에 기쁜 소식을 들려주었습니다.

"전에는 아이의 말에 전혀 호응해주지 않았어요. 바쁘다는 핑계로 건성으로 '알았어, 알았어'만 되풀이했던 것 같아요. 그런데 아이의 말을 똑같이 받아서 되풀이해주니까 아이가 눈을 반짝이며 저에게 말을 걸기 시작했답니다. 뭔가를 하고자 하는 의욕까지 샘솟는 것 같아요. 그리고 더 놀라운 변화가 생겨났어요. 아이의 말을 반복해서 따라하다 보니 아이의 마음을 진심으로 헤아릴 수 있게 되었어요. 아이가 뭔가 힘든 일이 생겼을 때 예전에는 '이렇게 하면 되잖아' 하고 윽박을 질렀다면 지금은 아이의 말을 반복해 말하면서 아이가 얼마나 기쁜지, 얼마만큼 슬픈지 공감하게 되었다고 할까요. 그러다 보니 아이의 기분이나 마음을 헤아리고 배려하면서 조언해주기도 해요. 요즘은 집안 분위기가 한결 환해졌어요. 말 한마디로 이렇게 드라마틱한 변화가 찾아올 줄 몰랐는데, 정말 놀라워요!"

방법이 단순하고 간단해서 '정말 효과가 있을까?' 하고 반신반의하는 분도 많을 거예요. 하지만 '앵무새처럼 맞장구치기'는 아이뿐 아니라 어른과 대화할 때도 큰 도움이 됩니다.

지금 당장 아이의 말을 똑같이 따라 해보세요. 분명 기분 좋은 경험을 하게 될 거예요.

아이의 장래 소득을 좌우하는
부모의 양육 태도

Question

이상적인 양육 방식을 배우고 싶어요.

Answer

엄함과 인자함을 두루 갖춘 태도가 최고의 양육법이지요!

아이를 키우는 방법은 부모 개개인의 가치관과 개성에 따라 다르기 마련입니다. 관련 연구에 따르면, 부모의 양육 태도는 네 가지로 나눌 수 있습니다.

먼저 미국의 발달심리학자인 다이애나 바움린드Diana Baumrind 박사가 부모의 양육 태도를 세 가지 유형으로 구분했습니다.[1,2] 이후 미국 스탠퍼드대학교 연구에서 한 가지 유형(방임형)을 추가함으로써[3] 네 가지 양육 태도가 자리 잡게 되었습니다. 네 가지 양육 태도는 다음과 같습니다.

• **민주형 양육 태도:** '권위 있는' 또는 '민주적' 양육 태도는 규칙을 지키도록 지도하고 통제도 하지만, 자녀의 의사를 존중해서 아이의 자립을 이끄는 유형입니다. 아이에게 긍정적인 영향을 미칠 수 있는 가장 바람직한 양육법이지요. 민주형 부모에게서 자란 아이는 행복감을 느끼고, 감정 조절을 잘하며, 훌륭한 사회성을 갖추고, 건강한 자신감을 가지고 살아갑니다.

• **독재형 양육 태도:** '권위주의적' 또는 '독재적' 양육 태도는 굉장히 엄격하게 아이를 통제하는 유형입니다. 부모의 뜻을 강요하고, 그 뜻을 따르지 않을 때는 벌을 주지요. 독재형 부모에게서 자란 아이는 항상 부모의 말에 순종해야 하기 때문에 겉으로는 착한 아이로 보이지만, 정서적으로 매우 불안정한 상태입니다. 또한 자신감이 낮고 원만한 인간관계를 형성하는 사회적 기술이 미숙합니다. 남자아이는 규칙을 제대로 지키지 않을 가능성이 높습니다(자세한 내용은 4장 '08. 너무 엄격한 훈육은 부정적인 영향을 끼친다' 참고).

• **허용형 양육 태도:** 무조건 아이 편을 들고 아이에게 꼼짝 못하는 유형입니다. 아이가 하고 싶은 것이라면 뭐든지 들어주려 하고 아이를 전혀 통제하지 않습니다. 규칙을 정해서 지키도록 하는 엄격함도 거의 없지요. 허용형 부모에게서 자란 아이는 자기긍정감이 높지만 배려심이 없고 겸손하지 못한 어른으로

자라기 쉽습니다. 참을성이 부족하기 때문에 장애물을 만났을 때 쉽게 포기하기도 합니다.

• **방임형 양육 태도**: 아이에게 무관심한 유형으로, 가장 바람직하지 못한 양육 태도입니다. 자녀에게 엄격하게 대하지도 않고, 그렇다고 자상하지도 않습니다. 자녀를 거의 돌보지 않고, 규칙을 정해서 훈육하는 일도 없습니다. 방임의 정도가 심하면 아동학대로 이어지기도 합니다. 부모가 무관심으로 일관하는 환경에서 자란 아이는 학창 시절에는 비행을 저지르거나 문제 행동을 일삼는 경우가 많고, 어른이 되어서는 비사회적 사고나 행동을 할 가능성이 높습니다.

2016년 일본에서 실시한 연구에서는 부모의 양육 태도에 따라 자녀의 장래 소득이 달라질 수 있다는 결과가 나왔습니다.[4] 앞서 언급한 네 가지 유형과는 조금 다르지만 민주형에 가까운 '지원형' 부모를 둔 아이는 어른이 되었을 때 530만 엔으로 평균 연봉이 가장 높았습니다. '허용형' 부모의 자녀는 연봉이 449만 엔('지원형'보다 약 80만 엔 낮은 금액)이었고, 연봉이 가장 낮은 유형은 '방임형'으로 '지원형'에 비해 170만 엔이나 낮았습니다.

이렇듯 양육 태도가 아이의 성격뿐만 아니라 장래 소득에까지 영향을 끼친다고 하니 절대로 아이를 무시하거나 방치하지 않았으면 합니다.

[부모의 양육 태도 진단]

양육 태도를 알 수 있는 간단한 체크리스트입니다. 아래의 질문들을 읽고 1점(전혀 해당하지 않음)~5점(일치함)으로 점수를 매겨주세요.

1. 민주형 양육 태도 (점/30점)

a. 엄격할 때는 엄하게 통제하지만, 기본적으로 아이의 의사를 존중한다.

＿＿점

b. 아이에게 의견을 전달할 뿐 아니라 질문하며 아이의 이야기를 들어준다.

＿＿점

c. 아이의 재능은 칭찬하지 않지만, 노력에 대해서는 자주 칭찬해준다. ＿＿점

d. 부모의 의견과 달라도 대화를 나누는 시간을 자주 마련한다. ＿＿점

e. 부모의 요구를 전달할 때는 복수의 선택지 중에서 고르게 한다. ＿＿점

f. 부모가 아이에게 기대하는 부분에 대해 이유를 설명해준다. ＿＿점

2. 독재형 양육 태도 (점/30점)

a. 아이에게 버럭 화를 낼 때가 많다. ＿＿점

b. 아이가 잘못을 저지르면 왜 그렇게 했는지 이유도 묻지 않고 무조건 야단친다. ＿＿점

c. 노력을 칭찬하는 일이 거의 없다. ＿＿점

d. 나쁜 행동을 저지르면 벌을 준다(때리기도 한다). ＿＿점

e. 아이가 부모의 기대와 반대되는 행동을 하면 거세게 비난한다. ＿＿점

f. 아이의 말에 전혀 맞장구치지 않는다. ＿＿점

3. 허용형 양육 태도 (점/30점)

a. 사랑스러운 아이를 위해서라면 무엇이든 해주려고 한다. ____점

b. 아이와 좋은 관계를 유지하기 위해서라도 아이를 혼내는 일이 거의 없다.

  ____점

c. 아이가 막무가내로 울며 고집을 피우면 요구를 들어준다. ____점

d. 아이가 힘들어하지 않도록 미리 챙겨준다. ____점

e. 부모가 없으면 아이는 아무것도 혼자 하지 못한다. ____점

f. "우리 딸, 우리 아들 최고!" 하며 항상 칭찬해준다. ____점

4. 방임형 양육 태도 (점/30점)

a. 아이를 도와줄 필요가 전혀 없다고 생각한다. ____점

b. 아이를 칭찬하는 일이 거의 없다. ____점

c. 부모의 생각을 아이에게 말하는 일이 거의 없다. ____점

d. 아이와 함께 놀아주는 시간이 거의 없다. ____점

e. 늘 바빠서 아이 생각을 할 여유가 없다. ____점

f. 애초 자녀교육 자체에 관심이 없다. ____점

합계 점수가 가장 높은 유형이 자신의 양육 태도입니다. 만약 민주형이 아니라면 지금부터라도 이상적인 육아를 위해 체크리스트 질문 중에서 민주형 양육 태도의 여섯 항목(a~f)을 실천해주셨으면 합니다.

인간의 뇌는 변화할 수 있답니다(자세한 내용은 1장 '11. 보고

듣고 경험하면 뇌가 바뀐다' 참고). 아이의 연령에 상관없이 오늘 당장 양육 태도를 바꾸면 장기적으로 아이에게 좋은 영향을 줄 수 있다는 사실, 꼭 기억하세요.

03

●

부모가 바뀌어야
아이가 바뀐다

Question

아이를 변화시키려면 어떻게 해야 할까요?

Answer

부모가 바뀌면 아이도 몰라보게 변합니다!

부모가 그러하듯이, 아이도 주도권과 자율권을 갖고 싶어 합니다. 그래서 아이의 생각을 완전히 무시한 채 부모의 욕심만 내세워서는 아이를 변화시킬 수 없습니다. 그 대신 '바뀌고 싶어. 지금보다 나아지고 싶어!' 하는 생각을 아이 스스로 할 수 있게 곁에서 이끌어주는 것이 좋습니다. 방법은 많지만 그중에서 가장 효과적인 방법은 두 가지입니다.

첫 번째 방법은 '부모 먼저 바뀌기'입니다. 부모가 바뀌면 아이도 저절로 바뀝니다. 부모의 존재는 상상 이상으로 아이에게 엄청난 영향을 끼치기 때문이지요(자세한 내용은 6장 '01. 성장 환경은 아이의 많은 것에 영향을 미친다' 참고).

두 번째 방법은 다소 뜻밖의 처방전이라고 생각하시겠지만, **'원만한 부부관계'**입니다. 부부관계가 원만하면 아이의 성격 형성과 장래에 긍정적인 영향을 줄 수 있습니다.

미국 뉴욕대학교 연구팀이 1,000명 이상의 아동(만 0~5세)을 대상으로 가정환경을 조사한 결과, 엄마 아빠 사이가 좋지 않은 가정에서 자라난 아이는 다양한 형태로 나쁜 영향을 받고 있는 것으로 나타났습니다.[5] 엄마 아빠가 폭력을 휘두르며 싸우는 가정에서 자란 아이는 감정을 읽어내는 능력이 부족했고, 엄마와 아빠가 서로 폭력까지는 아니더라도, 폭언을 일삼는 가정에서 자란 아이는 심하게 눈치를 보는 사례가 빈번했습니다. 부모가 싸우는 모습을 지속적으로 보고 자란 아이는 불안, 공포, 슬픔 등의 감정을 조절하는 힘이 부족하다는 사실도 보고되었고요. 다른 연구에서는 엄마 아빠 사이가 나쁘면 아이는 자신을 좋게 생각하지 못하거나, 타인을 신뢰하지 못할 가능성이 높다고 밝혀졌습니다.[6]

아이가 어리니까 아무것도 모를 것이라는 안일한 생각으로 아이 앞에서 심하게 싸우는 부모들도 있는데, 이는 아이에게 굉장히 위험한 행동입니다. 만 0~3세까지 가정폭력을 목격한 유아 107명을 추적 조사했더니 만 3~5세 시점에서는 별다른

변화가 없었지만, 초등학생이 되자 갑자기 공격적인 행동을 보이는 사례가 많은 것으로 분석되었습니다.[7]

2009년 일본의 한 결혼정보회사가 발표한 '부부싸움과 화해에 관한 설문 조사'에 따르면 부부싸움 횟수는 일주일에 1~2회가 16.2%, 한 달에 1~2회가 27%, 1년에 1~2회가 25.3%, 몇 년에 한 번이 19.2%로 집계되었습니다. 요컨대 일주일에서 한 달 사이에 적어도 한 번은 싸우는 부부가 43.2%에 이르는 것이지요.[8]

서로 다른 환경에서 자란 두 사람이 함께 살다 보면 아무래도 이해할 수 없는 행동이나 의견 때문에 부딪힐 때가 생기기 마련입니다. 하지만 부부싸움은 부모가 생각하는 것 이상으로 아이에게 나쁜 영향을 끼칩니다. 그러니 적어도 아이 앞에서는 부부가 거칠게 다투는 모습을 보이지 않도록 각별히 유념해주셨으면 합니다(자세한 내용은 5장 '05. 화목한 가정만큼 아이 성장에 좋은 밑거름은 없다' 참고).

+
플러스
뇌과학
이야기
+

싱글맘 혹은 싱글대디에게 도움이 될 만한 뉴스가 있습니다. 미국 일리노이대학교 로버트 휴스 주니어Robert Hughes Jr. 교수는 한부모가정이라도 안정되고 행복한 분위기에서 유년 시절을 보

낸 아이는, 부부싸움이 끊이지 않는 불행한 가정에서 자란 아이
보다 훨씬 더 만족감이 높은 삶을 살아간다는 연구 결과를 발표
했습니다. 또한 부부가 이혼한 뒤에도 서로 적대하지 않고 아이
와 두루 원만하게 지낸다면 아이는 건강하게 성장할 수 있다고
합니다.

04

●

아이의 장점을 억지로라도
찾아야 하는 이유

아이를 위해 부모가 가장 우선적으로 해야 할 일은 무엇일까요?

함께 식사를 하고, 아이의 장점에 관심을 기울여주세요!

아이를 위해 부모가 제일 먼저 해야 할 일이라면 '오롯한 부부
관계'입니다. 앞에서도 소개했듯이 엄마 아빠가 사이좋게 지내
는 모습을 보면 아이는 긴장을 풀고 마음의 평온을 느끼기 때문
에 학습 능력을 포함해 모든 능력을 의욕적으로 키워갈 수 있습
니다(부부관계를 좋게 하는 방법은 이어지는 글 '05. 화목한 가정만
큼 아이 성장에 좋은 밑거름은 없다'에서 말씀드리지요).

원만한 부부관계 이외에 '가족 구성원이 함께하는 식사'도

아이의 장래에 좋은 영향을 끼칩니다.[9] 2014년 미국의 조사에 따르면 '가족이 모여 단란하게 식사하는 횟수가 많을수록 아이는 집중력이 뛰어나고, 적극성과 학업 성적이 앞서고, 친구를 쉽게 사귀며 사회성이 발달할 가능성이 높다'고 합니다. 이후의 조사에서도 가족이 다 같이 모여 식사하는 가정에서 자란 아이일수록 비행청소년이 될 확률이 낮은 것으로 나타났습니다. 식사 횟수는 일주일에 4회 이상이 이상적이라고 합니다. 화목한 식사 시간은 아이의 장래와 직결되는 아주 중요한 시간인 셈입니다.

부모가 아이의 장점에 관심을 기울이는 일도 아이에게 긍정적인 영향을 미칩니다. 양육을 어려워하고 버거워하는 부모일수록 육아 스트레스가 심합니다. 그런데, 아이의 단점만 보면 양육 스트레스가 더 커진다는 사실을 아시나요? 단점만 주시하면 뇌에 아이의 단점만 각인되어 좋은 감정을 품기 어렵습니다. 하지만 아이의 장점을 먼저 살피면 항상 밝고 건강한 감정을 품고 아이를 너그러운 마음으로 지켜볼 수 있습니다.

아이의 장점을 물어보면 "글쎄요, 우리 아이는 장점이 없는 것 같은데요" 하고 인상을 찌푸리는 부모가 있는가 하면, "우리 아이는 ○○도 잘하고, □□도 잘해요"라며 마르지 않는 샘물처럼 끊임없이 말하는 부모도 있습니다. 실제 교육 현장에서는 부모가 아이의 장점을 스스럼없이 말할 수 있느냐 없느냐로 양육이 잘되고 있는지 가늠하기도 합니다. 특히 아이의 재능을 키워주는 부모일수록 아이의 장점을 20개 이상 막힘없이 말할 수 있습니다.

다음은 유치원이나 어린이집에서 활용하는 설문지입니다. 아래 빈칸을 아이의 장점으로 모두 채워주세요. 장점을 써보기만 해도 아이를 바라보는 시선이 백팔십도 달라지고, 육아 스트레스가 극적으로 줄어듭니다.

[우리 아이의 장점 20가지]

1.	11.
2.	12.
3.	13.
4.	14.
5.	15.
6.	16.
7.	17.
8.	18.
9.	19.
10.	20.

꽤 오래 전에 만난 한 엄마는 "우리 아이는 공부도 못하고 행동도 굼뜨고 이루고 싶은 목표도 없고요. 정말이지, 장점이 하나도 없어요!"라면서 단 한 줄도 채우지 못했습니다. 그래서

"시간이 많이 걸려도 좋으니까 다음에는 빈칸을 꼭 채워서 오세요" 하고 신신당부를 했지요. 그랬더니 며칠 뒤에 이런 메일이 도착했습니다.

"선생님을 뵙고 여러 가지로 생각을 해봤는데요. 도저히 아이의 장점이 떠오르지 않았답니다. 그렇게 한 시간이 흘렀을까요. 공부는 못하지만 '맞아, 누군가 어려운 일을 당했을 때 도와주는 아이이지!' 하고 아이의 장점이 퍼뜩 떠올랐답니다. 그랬더니 심부름도 잘해, 인사성도 밝아, 인터넷 검색도 척척… 식으로 아이의 장점이 마구 튀어나와서 저 자신도 깜짝 놀랐어요. 20가지 장점을 모두 쓰고 나니까 '장점이 한두 가지가 아니구나. 정말 훌륭한 아이야' 하는 생각이 들면서 저도 모르게 눈물이 주르륵 흘렀습니다. 한편으로는 저 자신이 한없이 부끄러워지면서 이제부터 아이의 장점만 보려고 노력해야겠다는 생각이 들었습니다. 그리고 아이의 장점을 남편과 공유했는데, 그 뒤로 우리 부부 모두 아이를 바라보는 시각이 완전히 달라졌어요. 선생님, 정말 감사합니다!"

아이의 장점 쓰기로 자녀와의 소통이 원활해지고 하루하루 행복을 느끼게 되었다는 사연을 아주 많이 접했습니다. 부부가 함께 자녀의 장점을 쓰면서 자연스럽게 대화를 나누고 웃음꽃이 피는 가정을 이루게 되었다는 미담도 많이 들었고요. 20가지 장점 쓰기는 10~15분 정도밖에 소요되지 않지만, 아이가 전혀 다르게 보이는 효과 만점의 방법입니다. 꼭 실천해보시고

드라마틱한 반전을 직접 확인하세요. 머릿속으로 생각만 해서는 변화를 기대할 수 없습니다. 반드시 종이에 직접 써야 놀라운 효과를 경험할 수 있습니다.

어떤 엄마는 아이의 20가지 장점 리스트를 집에 붙여놓았더니 아이가 너무너무 기뻐하면서 리스트에 적힌 장점을 더 열심히 실천하려고 노력했다는 이야기를 전해주었습니다. 아이뿐 아니라 남편의 장점을 종이에 써보았더니 처음 만났을 때의 설렘이 새록새록 피어오르면서 부부관계가 크게 개선되었다는, 기분 좋은 소식도 덤으로 들려주었답니다.

05

●

화목한 가정만큼 아이 성장에
좋은 밑거름은 없다

(Question)

부부 사이가 좋아지는 비결, 있을까요?

(Answer)

불평불만이 커지기 전에 서로 마음을 털어놓고 풀어주세요!

앞에서도 말했듯 아이가 안정감을 느끼려면 무엇보다 부부관계가 좋아야 합니다. 상담실에서는 위기의 부부를 많이 만나지만, 거리를 다니다 보면 70대 노부부가 손을 꼭 잡고 다정하게 산책하는 모습을 심심찮게 봅니다. 그렇다면 부부가 좋은 관계를 오래오래 유지하는 비결은 무엇일까요?

미국 워싱턴대학교의 명예교수이자 세계적인 가족치료 전문가인 존 가트맨John Gottman 박사는 1,000쌍 이상의 부부를 대상으로 사이좋은 부부와 사이 나쁜 부부의 차이를 장기간 추적 조사했습니다.[10] 그 결과 사이좋은 부부들은 아래의 공통점이 있었습니다(다른 특징도 많지만 중요한 것만 발췌합니다).

- 아주 사소한 일이라도 허투루 넘기지 않고, 불만이 있으면 허심탄회하게 털어놓는다.
- 부정적인 말뿐만 아니라 긍정적인 말도 상대방에게 전한다.
- 조금이라도 꺼림칙한 감정이 생기면 대화로 풀려고 노력한다.

정리하면, 행복한 부부는 분노나 불만을 마음에 담아두지 않고 불씨가 작을 때 불을 끈다는 심정으로 항상 대화를 나누며 좋은 관계를 유지하려고 노력합니다.

화목하게 지내는 부부는 서로에 대해 전혀 불만이 없는 것 같지만 결코 그렇지 않습니다. 지금까지 다른 환경에서 자란 두 사람이 한 지붕 아래에서 생활하다 보면 가치관, 사고방식, 습관 등 사사건건 부딪히는 일이 생기기 마련입니다. 그럴 때마다 참기만 하면 불만이 쌓여서 어느 순간 감정이 폭발하고 맙니다. 화목한 부부는 그렇게 되기 전에 '불만을 말합니다'. 하지만 사이 나쁜 부부는 불만이 생기면 참고 참다가 결국 '비난과 비판'의 말로 일방적으로 감정을 쏟아냅니다.

미국 캘리포니아대학교 연구팀은 부부 68쌍을 대상으로 휴대폰 문자나 메신저에서 어떤 대화를 나누는지 조사했는데 그 결과가 흥미롭습니다.[11] 대화할 때 '나는 공원에 같이 가고 싶어', '그런 말을 들었을 때 난 너무 슬펐어', '내가 지금 너무 속상해서 그런데, 나중에 해도 괜찮을까?' 식으로 '나'를 주어로 말하는 커플일수록 부부 사이의 만족감이 높고 두 사람이 친밀한 관계를 맺고 있는 것으로 나타났습니다.

반면에 '당신은~ 나에게~' 하는 화법으로 말하는 부부일수록 사이가 나쁘고 부부 사이도 오래 지속되지 않았습니다. 구체적으로 예를 들면 '당신은 맨날 왜 그 모양이야?', '네가 원하는 게 뭔데?', '나한테 그런 것까지 요구하면 어떻게 해?' 하며 '너'를 주어로 내세워 말하는 부부는 위기가 찾아올 확률이 높았습니다. 즉 자신의 마음을 전달하는 '나는'이 주어인 'I 메시지'가 아니라, 상대방에게 잘못이 있음을 지적하고 상대를 힐난하는 '너는'이 주어인 'YOU 메시지'를 구사하는 부부는 사이가 원만하지 못하고 이혼율이 높다는 것이지요.

"도대체 너는 왜 나한테 이런 고통과 슬픔을 주는 건데?"라고 'YOU 메시지'를 전달하면 부부싸움이 파국으로 치닫지만, "그런 말을 들으니까 나는 너무 슬퍼!" 하고 'I 메시지'를 전달하면 두 사람의 관계가 개선될 수 있다는 사실을 많은 연구 논문이 알려주고 있습니다.

덧붙이면, 2007년 미국 애리조나주립대학교 연구에서는 '고마워'라고 감사의 마음을 자주 전하는 부부일수록 만족감이 높다는 리서치 결과가 나왔습니다. 2009년 연구에서는 어려움이 닥쳤을 때 '우리'라는 단어('우리 문제', '우리 같이 해결하자' 등)를 자주 쓰는 부부일수록 애정을 느끼고 문제행동이나 심리적 스트레스가 낮다는 분석 결과를 보고하기도 했고요.

'I 메시지' 외에, 부부 사이를 개선하는 효과적인 방법이 또 있습니다. 미국 캘리포니아대학교와 로체스터대학교의 공동 연구에서 밝혀진 내용인데, 금슬 좋은 부부들은 '좋은 일이 생겼을 때 아주 기쁜 마음으로 기꺼이 축하해주는 습관'이 있었다고 합니다. 실제 부부싸움을 자주 하는 부부에게 이 방법을 소개했더니 몰라보게 사이가 좋아졌습니다. 이를테면 아이 생일, 아이가 처음으로 자전거 탄 날, 아이 키가 1미터 넘은 날에 소소한 홈 파티를 즐기는 식으로 진심을 담아서 축하해주는 것이지요. 그러면 부부가 더 각별한 사이로 가까워질 수 있습니다.

고백하자면, 저도 아내의 부탁으로 아이가 태어난 24일을 '감사하는 날'로 정하고 매달 24일에 케이크를 사들고 일찍 귀가해서 가족의 건강을 기원하며 조촐한 파티를 합니다. 아이의 성장에서 가장 훌륭한 밑거름은 화목한 가정입니다. 가정의 평화를 위해 이벤트를 꼭 준비해주셨으면 합니다.

독일의 심리학자인 아르투어 자보Arthur Szabo 박사에 따르면 부부가 일상에서 매일 '이것'을 하면 두 사람의 수명이 5년이나 길어지고, 수입이 25% 상승한다고 합니다. '이것'이란, 출근 전에 키스하기! 키스 습관이 있는 커플은 그렇지 않은 커플에 비해 수명이 길고 수입이 높을 뿐 아니라 결근율이 낮고 교통사고를 당한 확률도 줄어드는 것으로 나타났습니다.

06

●

아이에게 소리 지르고
짜증 내지 않으려면

Question

아이에게 소리를 지르거나 짜증을 낼 때가 많아요.

Answer

피로가 쌓여서 그런지도 모릅니다. 수면 시간이 부족할 때는 커피 향
을 맡아보세요!

매번 부모의 생각대로 척척 따라주는 아이는 없습니다. 그래서
부모는 아이의 말과 행동에 속이 부글부글 끓을 때가 많습니
다. 하지만 그럴 때마다 감정을 토해내면 아이에게 전혀 좋을
게 없겠죠. 부모의 권위를 내세워서 엄하게 훈육하는 일도 가
끔은 필요하지만, 분노와 훈육은 구분되어야 한다는 사실은 지
켜져야 합니다.

물론 아이를 키우다 보면 자신도 모르게 솟구치는 감정을 다스리기 힘들 때가 많은 것도 사실입니다. 그럴 때 '왜 내가 버럭 화를 낼까, 왜 소리를 지르는 것일까?' 하고 자문자답하면서 분노의 작동방식을 곱씹어본다면 감정을 조절하는 데 조금은 도움이 됩니다.

최근 연구를 살펴보면, 분노라는 감정은 대뇌에서 인간의 의식이나 이성을 관장하는 앞이마엽('의식 뇌'라고도 부릅니다)의 활성이 약해졌을 때 발생하기 쉽습니다. 우리는 일상에서 불안, 초조, 분노 등의 감정을 수시로 느낍니다. 이런 감정은 원시 뇌에 속하는 '편도체' 부위에서 비롯되는데, 의식 뇌가 기분 좋은 상태(활성도가 높은 상태)일 때는 자기조절 기능이 작동하기 때문에 편도체를 제어해서 부정적인 감정을 스스로 다스립니다. 하지만 피로, 스트레스 등의 영향으로 의식 뇌의 힘이 저하되면 자기조절 기능이 제대로 작동하지 않고, 그 결과 부정적인 감정을 스스로 통제하지 못합니다.[12]

아이에게 버럭 하고 나서 '내가 애한테 왜 그런 말을 했을까?' 하며 죄책감을 느끼곤 하는데, 의식 뇌의 힘이 약해져서 순간적으로 버럭 했을 가능성이 높습니다. 그러니 자책하지 말고, 아이를 위해서라도 우선 의식 뇌를 활성화시켜야 합니다.

학계에서는 의식 뇌의 활성이 약해지는 원인 중 하나로 수면 부족을 꼽습니다.[13] 잠을 제대로 못 잔 다음 날에는 대개 불안감이나 짜증을 더 쉽게 느끼는데, 수면 부족으로 의식 뇌의 활성이 떨어졌기 때문이지요. 그러니 자신도 모르게 짜증을 내거나 왠지 초조감이 느껴지면 우선 잠을 충분히 자는 것이 부정적인 감정을 해소하는 지름길입니다.

또 다른 연구에서는 향기가 감정을 조절하는 것으로 나타났습니다. 좋은 향기를 맡았을 때 기분이 좋아지는 것은 향기가 콧구멍을 통해서 감정을 관장하는 대뇌 둘레계통(원시 뇌)에 직접 작용함으로써 뇌 내 호르몬 분비를 촉진하기 때문입니다.

커피 향을 맡으면 타인에게 친절을 베풀게 된다는 흥미로운 연구 결과가 있습니다(쇼핑센터에서 갓 볶은 커피 향이나 달달한 빵 냄새가 나면 모르는 사람이 떨어뜨린 펜을 주워주거나 흔쾌히 친절을 베풀 확률이 높아진다고 합니다).[14] 장시간 잠을 재우지 않은 실험쥐에게 커피 향을 맡게 했더니 스트레스 물질의 유전자 스위치가 억제되고, 건강한 활동성 유전자 스위치가 켜졌다고 합니다.[15] 커피를 마시지 않고 커피 향만 맡아도 효과가 있다고 합니다.[16]

한창 육아에 전념할 때는 '실컷 잠자는 게 소원이야!' 할 정도로 많은 부모가 수면 부족에 허덕입니다. 전쟁 같은 육아 현장에서 피로를 풀 정도로 잠을 푹 자기는 어렵겠지만, 그래도 아이에게 버럭 소리치기 전에 커피 한잔 하는 시간만큼은 마련하셨으면 합니다. 물론 엄마 혹은 아빠가 우아하게 커피 타임을 즐길 수 있도록 다른 가족들이 배려해준다면 더할 나위 없겠지요.

아로마aroma 향은 부정적인 감정을 떨쳐내고 학습 능력을 높이
는 효과까지 있는 것으로 나타났습니다. 실험 참가자 180명을
대상으로 세 가지 허브티(페퍼민트, 캐모마일, 백양)를 마시기 전
과 마신 후에 기억력 및 인지능력의 변화를 비교했더니 페퍼민
트 차를 마신 사람들의 기억력과 인지능력 점수가 다른 그룹보
다 높았습니다. 페퍼민트 차는 장기 기억, 단기 기억, 주의력까
지 향상시켰습니다.[17] 아로마 향이 대뇌 둘레계통(원시 뇌)을 활
성화함으로써 다양한 능력을 고쳐시킨다는 사실은 여러 연구
를 통해 거듭 밝혀지고 있습니다.

07

●

엄마와 관계가 좋을 때
기대할 수 있는 것들

Question

아이를 훌륭한 사회인으로 키우고 싶습니다. 부모가 해야 할 일이 있다면 알려주세요.

Answer

어릴 때 부모와 아이가 좋은 관계를 맺는 것이 아이를 훌륭한 사회인으로 키우는 토대가 됩니다!

아이가 훌륭히 자라게 하기 위해서 부모가 할 수 있는 일은 무궁무진하지요. 앞서 소개한, 좋아하는 일에 집중하게 하거나(1장 '04. 아이가 좋아하는 것과 잘하는 것이 다를 때' 참고), 집안일을 하게끔 습관을 들이거나(2장 '03. 집안일을 잘하는 아이가 공부도 잘한다' 참고), 잠을 충분히 재우거나(2장 '10. 시험 성적과 밤샘 공부의 상관관계' 참고), 운동을 시키는 것(1장 '15. 지능이 좋아지는 운동은 따로 있다' 참고)도 좋습니다. 인자함과 엄격함을 두루 갖춘 가정교육을 실천하고(4장 '08. 너무 엄격한 훈육은 부정적인 영향을 끼친다' 참고), 아이의 심리 상태나 주변 환경을 안정되게 이끌어주는 관심과 배려도 중요합니다(3장과 6장 참고).

이밖에도 최근 학계에서는 부모, 특히 '엄마의 존재'가 아이의 장래에 커다란 영향을 끼칠 수 있다는 사실에 주목하고 있습니다. 미국 하버드대학교에서 실시한, 세계에서 가장 오랜 기간 진행된 '하버드대학교 성인 발달 연구'(유아기부터 노년기까지 70여 년 넘게 이어진 장기 추적 조사)에서는 '유아기에 엄마와 좋은 관계를 형성한 남자는 그렇지 않은 남자보다 연봉이 8만 7,000달러 더 높다'고 밝혀졌습니다(아빠와의 관계는 연봉에 크게 영향을 주지 않았습니다).[18] 또한 엄마와 관계가 좋지 않았던 사람은 노년기에 접어들수록 알츠하이머와 같은 인지장애 발병률이 높았다고 합니다.

일본의 대표적인 커피 전문점 도토루커피의 오바야시 히로후미大林豁史 회장이 어머니를 위해 도토루커피를 외식업계의 대기업으로 성장시킨 이야기는 널리 알려진 미담입니다. 일본의 축구선수로서 이탈리아 명문 구단에서 주장을 맡기도 했던 나가토모 유토長友佑都 선수도 어머니를 향한 각별한 사랑으로 유명하지요. 그는 20대 초반까지 기량을 마음껏 발휘하지 못해서 한때 축구를 포기할 생각도 했지만, 홀로 삼남매를 키운 어머니를 위해 열심히 노력한 결과 세계무대에서 활약하는 일류 선수가 될 수 있었다고 합니다.

다른 연구에서는 엄마의 존재가 아이의 학습 능력에도 영향을 끼치는 것으로 나타났습니다. 이는 2017년 일본 문부과학성 보고서에 발표된 내용인데, 엄마의 학력이 높을수록 중3 학생의 수학 시험 정답률이 높았다고 합니다. 아래 수치를 보면, 아빠보다 엄마의 학력이 아이의 학업 성취도와 밀접한 관련이 있습니다(미국 연구에서도 비슷한 결과를 얻었습니다).

대체로 아빠보다 엄마가 아이와 함께 보내는 시간이 더 길기 때문에 '거울 신경'을 통해 아이에게 막강한 영향력을 행사하는지도 모릅니다(아빠의 역할은 이어지는 글을 참고하세요).

부모의 최종 학력과 아이의 수학 시험 정답률의 관계

[엄마의 최종 학력과 아이의 정답률]	[아빠의 최종 학력과 아이의 정답률]
고등학교: 43.4%	고등학교: 44.1%
대학교: 60.0%	대학교: 56.55%

08

아빠와 관계가 좋을 때
기대할 수 있는 것들

Question

아빠는 양육에서 어떤 역할을 하면 좋을까요?

Answer

아빠가 해야 할 일이 무척 많습니다. 함께 힘써주세요!

앞에서 엄마의 영향력을 언급했는데, 아빠도 엄마 못지않게 양육에 대한 책임이 막중합니다.

가장 먼저 '아빠와 보내는 시간이 많을수록 아이의 언어능력이 높아진다'는 점을 마음에 새겨야 합니다.[19] 미국 메릴랜드 대학교 연구팀은 만 2~3세 아동 1,682명과 만 4세 아동 2,115명을 대상으로 아빠가 아이의 능력에 어떤 영향을 끼치는지 조사했습니다. 그 결과 아빠와 함께하는 시간이 많을수록 아이의 인지능력과 언어능력이 높고 정서적으로 안정된다는 사실을 확인할 수 있었습니다. 또한 아빠가 책을 읽어주면 아이의 언어능력과 상상력이 자랐습니다(엄마는 아이에게 알기 쉽게 말하지만, 아빠는 자신의 관점에서 복잡한 어른의 언어를 구사하기 때문에 아이의 뇌에 자극이 되는 것 같습니다).

미국의 가족관계 심리학자인 로라 파딜라 워커Laura Padilla-Walker 박사 연구팀에 따르면 아빠가 민주형 양육 태도를 유지할 경우 아이는 '시련을 이겨내는 힘'과 '진취적인 도전정신'이 높은 것으로 나타났습니다.[20] 흔히 자녀교육의 대가들이 아빠의 역할을 강조하며 아빠와 아이가 함께 떠나는 여행을 추천하는데, 이는 과학적으로도 일리가 있는 방법입니다. 가끔은 엄마가 아닌 아빠와 함께하면 아이의 행동이 크게 바뀔지도 모릅니다. 또한 아빠와 같이 보내는 시간이 많은 아이일수록 지능지수가 높다거나,[21] 아빠와 관계가 좋은 아이는 분노와 같은 충동 행동이나 비행 등의 문제행동을 일으킬 가능성이 낮다는 연구 결과도 보고되었습니다.[22]

'아빠가 집안일을 하느냐, 하지 않느냐에 따라 딸의 미래가 달라진다'는 흥미로운 연구 결과도 있습니다.[23] 2014년 캐나다 브리티시컬럼비아대학교 연구팀이 만 7~13세 여학생 326명과 그 부모를 조사했더니 아빠가 집안일을 전혀 하지 않는 가정에서 자란 여학생은 전업주부를 희망하거나, 간호사나 교사와 같이 모성을 발휘하는 직업을 선호하는 사례가 많았습니다.

한편 아빠가 집안일을 하는 모습을 보고 자란 여학생은 커리어에 대한 목표의식이 확고하고 연봉이 높은 직업을 선택할 확률이 높았습니다.

부모가 가사를 함께 하는 남녀평등 환경을 어릴 때부터 지켜본 여자아이는 기존에 여성이 진출하지 않은 직종을 목표로 삼고 결과적으로 고소득 전문직에서 일할 확률이 높아지는 것 같습니다. 한편 엄마가 가사를 전담하는 가정에서 자란 여자아이는 좋은 엄마가 되려는 경우가 많다는 사실을 연구 결과가 여실히 보여줍니다. 그야말로 환경이 아이의 인생을 바꾸는 좋은 사례가 아닐까 싶습니다.

아이를 키울 때 아빠가 해야 할 일은 아주 많습니다. 아이의 건전한 성격 형성에도 아빠의 영향력은 막강합니다. 아무쪼록 단순한 조력자에 머물지 말고, 부부가 함께하는 공동육아를 꼭 실천해주시기 바랍니다.

플러스
뇌과학
이야기

아이와 친하게 지내면 아빠에게도 획기적인 변화가 일어날 수 있습니다.[24] 갓난아기와 나란히 누워서 자거나, 같이 식사를 하거나, 아이와 함께 시간을 보내면 사랑의 호르몬으로 일컬어지는 옥시토신이 남자의 뇌에서도 분비된다고 합니다. 자녀가 생긴 이후에 성격이 인자해지거나 친절하게 변한 사람을 가끔 보는데, 어른도 처한 환경에 따라 뇌가 변화한다는 의미지요.

09

●

아이와 신뢰감을 쌓으려면
비밀을 만들어라

Question

아이와 친해지고 싶은데, 좋은 방법 없을까요?

Answer

아이에게 비밀을 속삭이세요!

아이와 사이좋게 지내려면 신뢰를 쌓는 일이 가장 중요합니다. 신뢰감을 형성하는 방법으로 '아이가 말한 단어를 그대로 되풀이하며 맞장구치기'가 효과적이라고 앞에서 소개했지요(5장 '01. 아이와 대화가 힘들다면 리액션부터 연습해라' 참고)? 또한 육아를 잘해야 한다는 부담감을 내려놓는 것도 신뢰감을 키우는 데 크게 도움이 됩니다(4장 '11. 내 아이를 위한 힘 빼기 육아' 참고).

아이와 더 깊은 친밀감을 맺고 싶다면 비밀을 공유하는 방법도 좋습니다. 이는 미국의 사회심리학자인 다니엘 웨그너 Daniel Wegner 박사가 1994년에 발표한 연구 결과로, '비밀을 공유할수록 두 사람 사이가 돈독해진다'고 합니다.

연구팀의 실험을 잠시 소개하면, 서로 모르는 남녀가 한 팀이 되어 트럼프 놀이를 하는데 테이블 아래에서 마주보고 둘만의 게임 정보를 공유하도록 했습니다. 그리고 첫 번째 그룹에는 "테이블 아래에서 있었던 일은 두 사람만의 비밀"이라고 전했고, 두 번째 그룹에는 "테이블 아래에서의 행동은 이미 모든 사람이 다 알고 있다"고 전했습니다. 그 결과 비밀을 공유한 첫 번째 그룹만 상대에게 매력을 느끼고 두 사람의 관계가 더 깊어진 것으로 나타났습니다. 영화 〈로미오와 줄리엣〉에도 두 사람 사이에 비밀과 장애물이 클수록 서로의 사랑이 불타오르는 장면이 있는데, 어쩌면 독자분들도 비밀을 공유한 사람과 신뢰 관계가 깊어진다는 사실은 경험으로 알고 있을 것 같습니다.

아이와 유대감을 형성할 때도 마찬가지입니다. 제 경험담을 소개하면, 일곱 살 조카에게 비밀을 속삭이자 조카가 제 곁을 떠나지 않고 저를 잘 따랐습니다. 왠지 아이와 사이가 삐거덕대는 것 같다면 둘만의 비밀을 만들어보세요. 이 방법은 연인이나 친구 사이에서도 아주 효과적입니다.

10

●

완벽한 부모보다
빈틈 있는 부모가 더 낫다

Question

아이 앞에서는 완벽한 부모이고 싶습니다.

Answer

완벽해 보이는 부모 앞에서는 아이가 늘 긴장해 있어요!

예전에 저는 '성공한 사람 = 완벽한 사람'이라고 믿었습니다. 사회에서 인정받으려면 빈틈없이 일을 처리해야 한다고 생각해 매일 죽기 살기로 노력했지요. 하지만 완벽하기는커녕 피로감과 고통만 늘어났습니다. 본래 내 모습이 아닌 '나' 이외의 다른 누군가가 되려고 미친 듯이 달렸다는 생각도 듭니다. 그리고 서른이 되었을 때, 스트레스가 한계치에 이르렀는지 자가면역질환(온몸의 면역 시스템이 자신을 공격하는 질환)에 걸리고 말았습니다. 당시에 자가면역질환은 일본 내 환자가 1,000명밖에 되지 않는 희귀 난치병이었습니다.

성공하는 삶을 살기 위해 완벽해지려 애썼을 뿐인데 난치병 선고를 받다니… 저는 충격에 휩싸였습니다. 인생에서 처음으로 좌절감을 맛보고 앞이 캄캄해졌습니다. 원래 긍정적인 성격이었는데, 그때는 정말 다시 일어설 수 없을 정도로 자포자기했지요. 당시에는 전혀 몰랐지만 지금 생각하니 이 사건은 제게 어떤 소중한 진실을 깨닫게 해준 귀한 수업이었습니다.

어느 날 아침 제가 여느 때와 다름없이 병원에서 아침을 먹고 있는데, 갑자기 아내가 병실로 찾아왔습니다. 어제 있었던 일을 의미 없이 이야기 나누는 도중에 아내가 제 손을 덥석 잡더니 "반드시 나을 거야. 우리 힘내자!" 하며 씩씩한 목소리로 말을 건넸습니다.

그때 저는 결혼한 지 3개월밖에 되지 않은 신혼이었습니다. 결혼과 거의 동시에 난치병 진단을 받은 터라 아내에게 미안한 마음이 가득했습니다. 아내를 위해 헤어지는 게 낫겠다고 생각하던 제게 아내는 '반드시 나을 거야. 우리 힘내자!' 하고 위로해주었던 것이지요. 스스로 가치 없는 사람이고 사회적으로도 끝이라고 체념하던 차라 아내의 위로는 왈칵 눈물을 쏟아낼 만큼 큰 감동으로 다가왔습니다.

'지금 나는 아무것도 못 하지만, 있는 그대로의 나를 믿고 응원해주는 사람이 곁에 있구나. 그렇다면 지금 이대로 살아가도

괜찮지 않을까?'

태어나서 처음으로 내 존재를 온전히 인정해주는 사람을 만났다는 만족감에 가슴이 벅찼습니다. 그날 이후로 아등바등하지 않고 나답게 살겠다고 다짐했습니다. 그랬더니 마음이 한결 편안해져서 정성껏 치료해주시던 의사 선생님과 간호사 선생님과도 마음을 나눌 수 있게 되었습니다.

3년 반 정도 지난 뒤에 난치병을 극복할 수 있었습니다. 질병의 고통은 있었지만 마음은 정말 행복했습니다. 투병 기간을 신이 주신 휴가라고 믿었기에 가능한 일이었던 것 같습니다. 지금은 제 경험을 많은 사람들에게 들려주며 '나답게' 사는 인생의 소중함을 전하고 있습니다.

훗날 알게 된 사실이지만 자신의 분야에서 성공한 사람들은 잦은 실수와 큰 실패를 맛보고, 자신의 단점이나 결점을 스스로 인정하며 살아갑니다. 자신을 있는 그대로 인정해주면 뇌가 더 여유로워져서 완벽하려고 용쓰는 것보다 성과를 올리기가 훨씬 쉽습니다. 마찬가지로 부모도 '완벽한 부모가 되어야 해'라는 긴장을 풀어야 아이도 여유롭게 자신의 능력을 온전히 발휘할 수 있습니다.

흥미롭게도 사람들은 완벽한 사람보다 조금 부족해 보이는 사람에게 더 매력을 느낍니다(심리학에서는 '실수 효과pratfall effect'라고 부릅니다).[25] 예를 들어 그 어떤 실수도 하지 않는 완벽한 사람에게는 선뜻 다가가기 어렵지만, 똑 부러진 것 같으면서도 때로 실수를 하고 단점도 눈에 띄는, 그야말로 인간적인 면모를 두루 갖춘 사람을 보면 누구나 친밀감을 느낍니다. 같은 맥락에서, 지나치게 완벽한 부모는 아이의 눈에는 자신을 따스하게 보듬어주는 보호자가 아니라 위압감과 긴장감을 주는 존재로 비쳐지기 쉽습니다. 부모가 먼저 마음을 열고 여유를 가져야 아이도 기꺼이 부모에게 다가갈 수 있어요. '부모라면 완벽해야 해!' 하고 바짝 긴장하면 아이는 '완벽하지 않은 나를 부모님은 인정해주지 않을 거야' 하며 좌절할지도 모릅니다.

이 세상에 완벽한 사람은 없습니다. 사람은 저마다 약한 부분이 있고 결점도 있어서 서로 도우며 살아갑니다. 두 살 때 고열로 시력, 청력, 언어능력까지 잃었지만 대학까지 진학하며 꿈을 이룬 헬렌 켈러Helen Keller가 이런 말을 남겼습니다.

"세상에서 가장 아름답고 가장 빛나는 것은 눈으로 보이거나 손으로 만져지지 않습니다. 그것은 마음으로 느껴야 합니다."

눈에 보이지는 않지만 아이의 마음은 배려, 친절, 성장 등 보석처럼 빛나는 아름다운 것들로 가득합니다. 아이의 단점을 보더라도 '지금 모습 그대로 너를 사랑해', '이 세상에 태어나줘서 정말 고마워' 하고 먼저 손을 내밀어보세요. 분명 아이의 무한한 잠재력을 꽃피우는 최고의 선물이 될 거예요.

11

●

자세만 바꿔도
육아에 자신감이 붙는다

Question

육아를 잘해낼 자신이 없어요.

Answer

올바른 지식을 갖추고 당당하게 걸어보세요!

"난 육아라면 정말 자신 있어!" 하며 당당하게 말할 수 있는 사람이 있다면 꼭 한번 만나보고 싶습니다. 사회에서 실력을 인정받는 직장맘도 아이를 키우기 시작하면서 이런 고충을 토로합니다.

"아이 키우는 일이 이렇게 힘든 줄 몰랐어요. 내 생각대로 컨트롤할 수 있는 회사일이 훨씬 더 편하고 쉬워요!"

업무와 달리 육아는 아이의 속도에 맞추어야 하기 때문에 시간이나 내용을 통제할 수 없습니다. 그런 점에서 육아에 완벽한 자신감을 갖는다는 것 자체가 어쩌면 불가능한 일인지도 모릅니다.

육아에 완벽하지는 않지만 적어도 지금보다 육아 자신감을 높이는 빠른 방법은 있습니다. '육아에 관한 올바른 지식을 갖추는 것'입니다. 정확한 방법을 제대로 알지 못하면 어디로 나아가야 할지 몰라서 헤매고 맙니다. 그러면 육아에 대한 자신감은 영영 갖추기 어렵겠지요. 이 책에는 과학적으로 입증된 육아 법칙이 실려 있습니다. 만약 자신감을 얻고 싶다면 본문에 소개한 방법을 하나라도 좋으니 가벼운 마음으로 실천해보길 바랍니다. 당장 한 가지만 실천에 옮겨도 육아에 대한 마음가짐이 달라질지 모릅니다.

하루하루 자신감을 높이는 습관도 있습니다. 요즘 육아에 지친 부모들이 많다고 들었는데, '자신감이 없는 사람은 보폭이 작다'는 사실을 혹시 아시나요?

미국 플로리다애틀랜틱대학교의 심리학과 교수인 사라 스노드그라스Sara Snodgrass 박사는 걸음걸이와 감정의 관계를 연구했습니다.[26] 연구 결과에 따르면, 실험 참가자가 정면을 응시하면서 힘차게 걸었을 때 행복감과 일상의 만족도가 높아지는 것으로 나타났습니다.

저도 여러 부모들을 만나보았지만, 육아에 자신감이 없는 부모일수록 시선을 아래로 떨구고, 걸을 때 보폭이 작았습니다. 반면에 자신감 넘치는 부모일수록 등을 쫙 펴고 보폭을 크게 하고 걸었어요. 그래서 육아에 자신 없어 하는 부모에게 시선을 위로 향하고 보폭을 크게 해서 걸으라고 조언했더니 "기분이 한결 좋아졌어요", "왠지 앞으로 나아가고 있다는 생각이 들어요" 하는 경험담이 들려왔습니다. 뇌는 걸음걸이가 바뀌면 '자신감이 넘치네!' 하고 속아 넘어가거든요.

독일의 정신의학자이자 근대 정신의학의 아버지인 에밀 크레펠린Emil Kraepelin은 '몸을 움직이면 의욕의 중추에 해당하는 뇌 부위가 활성화된다'는 '작동흥분 이론work excitement theory'을 제시했습니다. 크고 활기찬 움직임은 그만큼 뇌를 활성화시킵니다. 자신이 없을 때는 우선 집 밖으로 나가서 몸을 힘차게 움직여보세요.

플러스
뇌과학
이야기

건강이 나빠도 자신감을 상실하기 쉽습니다. 건강을 회복하기 위해서는 여러 방법이 있을 테지만 하버드대학교의 연구 결과 '외모를 실제 나이보다 젊게 꾸미면 몸이 젊어지면서 건강해진다'고 합니다.[27]
연구팀은 40세 이상의 여성들을 대상으로 머리 염색을 통해 실제 연령보다 더 젊어 보이게 했습니다. 그 결과 염색한 여성들은 놀랍게도 젊은 시절의 혈압 수치를 되찾았습니다.

겉모습을 젊게 꾸미면 뇌에서 인지하는 이미지가 달라지기 때문에 생리 반응이 활발해지고 건강 상태가 개선될 수 있습니다.

12

●

육아 스트레스를 사라지게 하는
이미지 트레이닝

(Question)

육아로 받은 스트레스나 피로는 어떻게 풀어야 할까요?

(Answer)

스트레스의 원인을 곱씹으면서 손을 이마에 가만히 올려놓아보세요!

아이들은 잠자는 시간 이외에는 한시도 가만히 있지 않습니다. 그러니 아이를 돌보는 어른은 체력적으로나 정신적으로 에너지 소모가 엄청나지요. 게다가 자신만의 시간을 따로 가질 수 없기 때문에 스트레스가 쌓여서 만성피로에 젖어 있을지도 모릅니다. 그래서 이번에는 육아로 쌓인 스트레스를 해소하는 초간단 방법을 소개해드립니다.

그 방법은 '스트레스의 원인을 곱씹으면서 손을 이마 위에

올린다'입니다. 지금쯤 "정말 효과 있어요?" 하고 고개를 갸우뚱하는 독자분도 많을 텐데요. 마음이 편안해질 때까지 이마에 손을 대고 있으면 신기하게도 스트레스가 줄어드는 경험을 할 수 있습니다.

마음을 불편하게 하는 걱정(생각)은 주로 이마 쪽에 위치한 앞이마엽에서 생겨난다고 알려져 있습니다. 그러니 이마에 손을 대면 체온이 뇌에 전해져 앞이마엽이 다시 활성화될 가능성이 높아지지요. 인종을 불문하고 전 세계 사람들은 난처한 상황에 맞닥뜨리면 "맙소사" 혹은 "어쩌지?" 하며 이마에 손을 대는데, 이는 우리가 무의식적으로 스트레스를 줄이기 위해 하는 행동입니다.

최근에는 의학 분야에서 '이미지 트레이닝'을 통해 스트레스와 피로감을 줄여주는 방법을 고안하고 있습니다. 요통, 두통 등의 신체 통증으로 고생하는 분들이 많은데 통증은 물리적인 질병이 아닌 뇌 내 이미지(고정관념)에서 만들어질 때도 있기 때문에 '뇌 상태를 개선하면 신체 통증이 줄어드는' 현상을 학계에서 주목하는 것이지요.[28] 실제로 상담실에서 피로가 풀리는 이미지 트레이닝을 진행하고 있는데, 피로를 심하게 느끼는 분들은 이 방법을 꼭 실천해보세요.

[피로를 풀어주는 이미지 트레이닝]

1. 눈을 감고 지금 가장 피로감이 느껴지는 부위를 머릿속에 떠올리세요.

2. 만약 그 부위에 색이 있다면 어떤 색일까요? (진지하게 대답하지 않으셔도 괜찮아요. 왠지 이런 색일 것 같다는 느낌을 말씀해주시면 됩니다.)

3. 그 부위에 따뜻하게 적신 수건을 살짝 올려놓는 장면을 머릿속으로 그리고, 기분 좋은 따스함이 피로한 곳까지 깊숙이 전해지는 모습을 상상합니다.

4. 따뜻한 수건을 댄 부위가 점점 어떤 색으로 바뀌어가는지 떠올려주세요. (색이 점점 경쾌해지고 선명해지는 걸 느낍니다.)

5. 색이 충분히 밝게 변할 때까지 따뜻한 수건을 피로한 부위에 대고 있습니다.

6. 다른 노곤한 부위가 있다면 2~5번 과정을 되풀이합니다.

7. 개운해질 때까지 진행해주세요.

* 이미지를 떠올리기 어려울 때는 실제 따뜻한 수건을 대고 어떤 느낌인지 체험해보면 훨씬 상상하기 쉽습니다.

* 눈을 감고 훈련하면 시각 정보가 차단되기 때문에 이미지 트레이닝의 선명한 효과를 체험할 수 있습니다. 아이에게 적용할 때는 옆에서 훈련 순서를 하나씩 읽어주면 훨씬 효과적입니다.

13

●

육아의 최종 목표는
아이의 홀로서기다

어디까지 아이를 챙겨야 할까요?

Answer

아이는 부모의 손을 떠났을 때 가장 크게 성장합니다. 언제든지 홀로
서기할 수 있도록 준비해주세요!

이 질문에 대한 모범답안은 아이의 성격에 따라 차이가 있을
수 있고, 부모의 가치관에 따라서도 달라지지요. 다만, 이 질문
에 대한 답을 생각할 때 참고가 될 만한 정보는 많습니다.

'헬리콥터 맘helicopter mom'이라는 단어를 들어보셨나요? 원래
미국의 가정에서 종종 사용하던 말인데, 마치 헬리콥터처럼 자
녀 주변을 빙빙 돌다가 아이에게 무슨 일이 생기면 바로 나타

나서 간섭하는 부모를 일컫는 단어입니다. 한마디로, 자녀 곁을 떠나지 못하는 부모이지요.

예를 들어 미국 대학의 경우 학생 기숙사가 완비되어 있어서 대학생은 누구나 룸메이트와 생활을 합니다. 이때 아이와 한 방을 쓰는 학생이 누구인지 신경 쓰고, 룸메이트가 조금이라도 탐탁하지 않으면 곧장 학교에 전화를 걸어 기숙사 방을 바꿔달라고 부탁하는 부모들이 있다고 합니다.

일본에도 최근 헬리콥터 맘이 늘어나는 것 같습니다. 이를테면 대학교 입학식 때 자녀와 보호자가 같은 공간에서 설명을 들을 수 없다는 학칙을 듣는 순간 학교 측에 항의하는 부모가 있는가 하면, 자녀가 제2외국어로 무엇을 선택하는 게 더 유리한지 직접 학교에 문의하는 부모도 있다고 합니다. 여하튼 자녀를 과잉보호하는 부모들이 늘어나는 것만은 사실입니다.

눈에 넣어도 아프지 않을 만큼 사랑스러운 자식이지만 너무 지나치게 아이를 챙기다 보면 아이는 스스로 행동하지 못하게 됩니다. 과잉보호는 아이의 자기조절 능력과 창의력, 시련을 극복하는 힘, 규칙을 지키는 힘, 심지어 장래의 연봉에도 부정적인 영향을 끼칠 수 있습니다(4장 '09. 아들을 오냐오냐하고 키우면 안하무인으로 자랄 수 있다', 6장 '02. 풍족한 환경이 성장을 방해할 수 있다', 5장 '02. 아이의 장래 소득을 좌우하는 부모의 양육 태도' 참고).

AI가 지배할 가까운 미래에는 부모의 과잉보호 속에서 자란 아이는 도태되기 십상입니다. 식물은 스트레스가 전혀 없는 환경에서 자라면 허약한 식물이 되고 말지만, 스트레스가 넘치는 혹독한 환경에서 자란 식물은 튼튼하고 씩씩하게 성장합니다. 아이들도 그렇습니다.

지구에서 살아가는 모든 생명체가 그러하지만, 아이는 부모 곁을 떠났을 때 비약적으로 성장합니다. 스스로 살아가기 위해 먹을 것을 찾고 생존의 기술을 하나씩 익혀나갈 때 비로소 진정한 성장을 이루지요. 명문가에서는 아이를 유학 보내거나 기숙사 생활을 시키거나 지금까지 가본 적 없는 장소로 여행을 보내는 일이 비일비재한데, 이는 자녀를 크게 키우기 위한 비법인지도 모릅니다.

아이의 홀로서기에 부모들이 불안감을 느끼는 것은 당연합니다. 하지만 독립은 아이에게 '넌 잘할 수 있어' 하는 신뢰감을 주는 부모의 메시지이기도 합니다. 부모가 믿는 만큼 아이들은 그 기대에 부응하려고 열심히 노력합니다.[29] 물론 홀로서기를 위해 필요한 '최소한'의 자격은 가르쳐주어야겠지요.

그 최소한의 자격은 예의를 지키고, 약속을 깨지 않으며, 공손하게 인사하고, 배려와 인내심을 기르며, 상대방에게 좋은 인상을 주는 말씨나 의사소통 방법을 가르쳐주는 가정교육을 통해 이루어집니다.

부모의 수많은 역할 중에서 가장 으뜸은 아이가 세상에 나가서 길을 잃지 않도록 최소한의 지도를 챙겨주는 일입니다.

아이는 그 지도를 토대로 스스로 생각하고 행동하면서 저절로 자신의 인생을 개척하게 될 것입니다. 그리고 아이의 마음속에 '엄마 아빠는 널 믿어!' 하는 신뢰감을 조금씩 키워주는 것이 중요합니다.

홀로서기의 시기는 아이가 선택할 테지만, 아이가 부모 곁을 떠나는 날은 반드시 옵니다. 마침내 홀로서기하는 날이 찾아오면 넉넉한 미소와 믿음, 그리고 애정을 담아 아이가 무한한 가능성으로 씩씩하게 세상을 일구어가는 모습을 따스하게 지켜봐주셨으면 합니다. 이때가 어쩌면 부모 자신이 가장 성숙해져 있음을 자각하는 계기가 될지도 모릅니다.

아직은 아이가 어려서 그 순간이 실감나지 않지만, 저는 아이와 함께 배우고 같이 지내면서 그 날을 손꼽아 기다리려고 합니다.

Chapter 6

성 장 환 경,

능력을 좌우하는

환 경 의 힘

성장 환경은 아이의 많은 것에
영향을 미친다

아이에게 영향을 미치는 것은 유전일까요, 환경일까요?

유전도 중요하지만 환경도 크게 영향을 끼칩니다!

아이들은 유전과 환경의 영향을 두루 받으면서 성장합니다. 유전의 영향을 더 많이 받는 것은 지문, 키, 몸무게 등의 신체 특징이에요. 일란성 쌍둥이를 보면 알 수 있듯이 DNA가 거의 일치하면 겉모습은 구별할 수 없을 정도로 닮아 있습니다(다만, 예외가 있어서 일란성 쌍둥이의 외모도 환경의 영향을 조금 받는다고 합니다). 하지만 출생 이후에도 유전자가 바뀔 수 있고 이것이 다음 세대로 유전되는 현상(후성유전)이 발견되면서 환경의 중요성이 주목받고 있습니다(1장 '01. 아이의 DNA를 바꾸는 환경의 힘'와 '19. 임신 중 다이어트와 아이 비만의 상관관계', 4장 '01. 스킨십은 뇌 발달에 좋다' 참고).

특히 환경과 관련해 **'어떤 사람과 생활하느냐, 어떤 이미지를 연상하느냐에 따라 성격이나 사고방식이 달라질 수 있다'**는 가설이 부각되고 있습니다. 독일의 한 연구팀은 참가자들을 두 그룹으로 나눈 뒤에 상식 문제를 풀게 했습니다. 이때 한 그룹은 유명한 대학교수를 떠올리며 문제를 풀게 했고, 다른 한 그룹은 홀리건hooligan(경기장에서 폭력을 행사하는 광적인 축구 관중)을 떠올리며 문제를 풀게 했습니다. 그 결과 대학교수를 떠올리며 문제를 푼 그룹의 정답률이 30.4%나 높았습니다.[1] 우리의 뇌는 이미지대로 능력을 발휘하려는 경향이 있기 때문에 폭력적인 사람들(혹은 비교적 지성이 낮을 것으로 예측되는 사람들)을 떠올리며 문제를 풀면 실제로 지식 수준이 떨어질 수 있음을 의미하지요.

같은 맥락에서, 학력이 높은 그룹에 속해 있으면 학업 성취도가 향상된다는 연구 결과도 있습니다. 또한 엄마의 학력이 높을수록 아이의 수학 성적이 우수할 가능성이 높다고 합니다(자세한 내용은 5장 '07. 엄마와 관계가 좋을 때 기대할 수 있는 것들' 참고).

체형도 주위 사람들의 영향을 받습니다. 2015년 독일 프리드리히실러예나대학교의 팀 되어링Tim Döring 교수 연구팀에 따르면, 뚱뚱한 웨이터의 서빙을 받은 손님은 보통 체형인 웨이터의 서빙을 받은 손님보다 음주량이 17.7% 더 많고, 4배나 더 많은 양의 디저트를 주문하는 것으로 나타났습니다.[2] 요컨대 비만한 사람과 함께 지내면 과체중자의 사고법이나 행동을 닮아가기 쉽지요.

아이에게 가장 훌륭한 환경은 본보기가 될 만한 어른의 존재입니다. 정작 자신은 바뀌지 않으면서 상대방만 바꾸려고 용쓰는 사람이 있는데, 이는 뇌과학 관점에서 효율적이지 못한 행동입니다. 아이를 좋게 변화시키려면 무엇보다 주변 어른들의 변화가 가장 빠른 지름길입니다. 그러니 부모가 앞장서서 바람직하게 변모하는 모습을 보여주셨으면 합니다.

+
플러스
뇌과학
이야기
+

부모가 눈앞에 없으면 바로 불안해하는 아이가 있는가 하면, 부모가 곁에 없어도 크게 영향을 받지 않는 아이도 있습니다. 이런 차이는 유전자 형태를 보면 예측할 수 있습니다('5-HTT 세로토닌 수용체'라는 유전자가 길수록 안정감을 느낍니다).[3] 만약 유전자의 영향으로 정서 불안이 심하다면 스킨십을 해주거나 따뜻한 말을 자주 건네 환경적 요인을 충족시켜주세요.

●

풍족한 환경이
성장을 방해할 수 있다

Question

아이를 위해 넉넉한 가정환경이 반드시 필요할까요?

Answer

지나치게 풍족한 환경은 아이의 창의력을 앗아갈 수 있습니다!

요즘 손만 대면 물이 나오는 자동식 수도꼭지가 널리 보급되다 보니 잠금형 수도꼭지 사용에 서툰 아이들이 많습니다. 그래서 잠금형 수도꼭지가 있는 세면대에서 손을 씻다가 옷을 적시는 일이 자주 생기지요.

수도꼭지를 돌려서 물 세기를 조절하는 행동은 신경세포의 발달과 관련이 깊습니다. 수도꼭지를 맘대로 돌리고 싶다는 충동을 억누르고 물의 양을 적당히 조절하려면 관련된 뇌 기능의 발달(특히 충동 억제력)이 필요하기 때문이지요. 하지만 자동으로 물이 콸콸 나오는 환경에서는 물 세기 조절에 쓰일 신경세포의 활동 기회가 줄어들어 그만큼 아이의 발달을 저해할 우려가 있습니다.

지나치게 풍족한 환경은 아이의 뇌를 퇴화시킬 수 있습니다. 아이에게 장난감을 넘치게 사주는 부모들이 있는데, 너무 많은 장난감은 아이의 창의력을 앗아간다는 연구 결과가 발표되기도 했습니다. 유명 인사를 인터뷰 하다 보면 "어린 시절에 부모님이 장난감을 거의 사주지 않았다"는 이야기를 자주 듣습니다. 게다가 그들은 장난감이 없으니까 직접 장난감을 만들거나 친구들과 규칙을 바꾸는 등 온갖 아이디어를 짜내며 놀았다고 합니다. 최근에는 소리까지 생생하게 재현되는 장난감 총이나 애니메이션 캐릭터를 그대로 본뜬 장난감이 많은데, 이처럼 정교한 장난감을 아이 손에 쥐어주면 정작 아이 고유의 창의력은 활짝 피어나지 못합니다. 실제 아이를 대상으로 한 실험에서는 지나치게 사실적인 장난감은 놀이 방법을 다양하게 구사하기엔 한계가 있다는 사실이 확인되었습니다.

옛날에는 변변한 장난감을 구하기도 어려웠고 물질적으로 풍요롭지도 않았습니다. 그럼에도 불구하고 창의력을 발휘하는 천재들이 잇달아 탄생했습니다. 인간은 부족함을 느낄 때 창의력을 기꺼이 발휘합니다. 장난감처럼 보이지 않을 만큼 정교한 장난감은 얼핏 보기에는 재미날 것 같지만 뇌 발달에는 크게 도움이 되지 않습니다. 아이의 관심이 온통 장난감에 쏠려서 창의력을 발휘할 기회를 상실할지도 모릅니다.

만 8~18세를 대상으로 한 연구에서 '자존감이 낮은 아이일수록 물건을 많이 사 모으는 경향이 있다'는 결과가 나왔습니다.[4] 쇼핑에 많은 돈을 들이면 물건을 사는 순간에는 행복하겠지만 그 행복감이 오래 가지 않습니다. 사라진 행복을 다시 충족시키기 위해 물건을 또 사들이지만 만족감은 잠시이고 공허감이 다시 밀려듭니다. 사그라드는 행복이 되풀이되면 아이는 진정한 자신감을 가질 수 없지요.

일본에서 가장 유명한 유치원을 견학했을 때의 일입니다. 스위치 방식의 전등이 아닌 옛날 옛적 호롱불 방식을 경험하게 하거나 일부러 교실에 외풍이 들어오게 하는 식으로 편리하지 않은 환경이 눈에 들어왔습니다. 원장 선생님에게 그 이유를 물으니 "아이들의 성장을 촉진시키는 데는 불편한 생활이 훨씬 더 이롭습니다" 하는 대답이 돌아왔습니다. 그 말을 듣는 순간 '역시 훌륭한 교육자는 환경 조성도 남다르게 하는구나' 하는 생각이 들면서 고개가 절로 끄덕여졌습니다.

편리한 세상은 장점이 있지만, 지나치게 편리함만 좇다 보면 인간의 탁월한 능력이 사라질지도 모릅니다.

육아의 달인들을 만나 보면 '물건보다 체험에 돈을 투자한다'는
공통점이 눈에 띕니다. 성형외과 의사로 메디컬 그룹의 대표 원
장인 아시카와 요시유키相川佳之는 인터뷰에서 "아버지는 갖고
싶은 물건을 사준 적이 거의 없어요. 하지만 제가 맘껏 경험할
수 있게 후원해주셨지요. 물건은 사람을 성장시키지 않지만 체
험은 사람을 성장시킵니다"라는 감동적인 이야기를 들려주더
군요.

눈에 넣어도 아프지 않을 만큼 사랑스러운 아이에게는 장난감
을 잔뜩 쥐어주는 것보다 캠핑에 데려가거나 동물을 키우게 하
거나 새로운 경험을 맛보게 하는 체험이 최고의 선물입니다.

03

●

책은 부족한 것보다
많은 것이 좋다

Question

공부 잘하는 아이로 키우려면 어떤 환경을 마련해줘야 할까요?

Answer

도서관처럼 책이 많은 가정에서 자란 아이일수록 학력이 높아질 수 있습니다!

아이를 학원에 보내는 부모들이 많습니다. 물론 학원에 다니며 공부를 하면 성적이 좋아질 순 있겠지만, 단순히 학습 시간을 늘리는 것만으로는 아이의 능력을 최대치로 끌어내지는 못합니다. 운동, 음악 감상 등 다양한 환경을 경험하게 해야 아이의 감성은 물론 지성까지 균형 있게 키울 수 있습니다.

　아이의 학업 성취도와 관련해 '집에 있는 책의 권수가 학력을 결정할 수 있다'는 흥미로운 연구 결과가 2019년에 발표되었습니다.[5] 호주국립대학교와 미국 네바다대학교 리노캠퍼스 연구팀이 2011~2015년에 25~65세 성인 16만 명을 대상으로 국제성인역량조사(OECD가 각국 성인의 언어능력, 수리력, IT 기반 문제 해결력 등 3개 지표를 조사·분석한 지수)를 실시했더니, 책에 둘러싸인 환경에서 자란 사람은 최종 학력이 중졸이더라도 책이 거의 없는 환경에서 자란 대졸자와 역량이 비슷한 것으로 나타났습니다. 집에 소장 도서가 80권인 경우에는 평균 성적을 기록했고, 책의 권수가 많을수록 학업 성취도가 높다는 사실도 알아냈습니다(350권 이상이면 학력과의 상관관계에서 한계점에 다다르는 것 같습니다).

'집에 책을 많이 쌓아두면 반드시 아이가 영특해진다'는 말이 아닙니다. 다만, 집에 책이 많다는 것은 부모가 독서를 좋아한다는 것이고, 책 읽는 부모의 모습을 보고 자란 아이는 자연스럽게 책을 가까이하게 된다는 것을 의미합니다. 또한 장서가 빼곡히 꽂힌 책장이 아이에게 책을 향한 흥미를 끌어낼 수도 있고요.

덧붙이면, 나라별로 집에 소장한 책의 권수는 일본의 경우 102권으로 18개국 중에서 14위에 그쳤습니다. 학력의 기본은 언어능력에서 생겨납니다. 언어능력의 원천이 되는 책읽기는 아이의 성장에 필수 영양소라는 점, 잊지 마세요.

04

●

창의력은 마냥 뛰어논다고
생기는 게 아니다

Question

아이의 창의력을 키우려면 어떤 환경을 만들어주면 좋을까요?

Answer

자연을 자주 접하고 새로운 체험을 많이 하게 이끌어주세요!

창의력은 다양한 방법으로 쑥쑥 자라납니다. 예를 들어 잡동사니가 흩어져 있는 방에서 시간을 보내거나(1장 '12. 창의력은 어질러진 방에서, 끈기는 정리된 방에서 길러진다' 참고), 보상물을 주지 않는 것도 창의력 발달에 도움이 됩니다(4장 '07. 성과 중심의 보상은 관심과 의욕을 떨어뜨린다' 참고). 진짜처럼 정교한 장난감보다 단순한 장난감을 갖고 놀게 하는 것도 좋습니다(6장 '02. 풍족한 환경이 성장을 방해할 수 있다' 참고). 아이가 몰입해서 노는 순간은 창의력이 쑥쑥 자라는 시간이므로 한 발짝 떨어져서 아이를 지켜보는 여유도 필요하지요.

1998년에 발표된 '녹색을 가까이 하면 아이의 창의력이 향상된다'는 연구 결과도 주목할 만합니다.[6] 미국 일리노이대학교의 안드레아 파버 테일러Andrea Faber Taylor 박사 연구팀은 녹색이 있는 정원과 콘크리트 운동장을 비교 실험했는데, 녹색 정원에서 뛰어논 아이들이 놀이를 훨씬 더 다채롭게 고안해내는 것으로 분석되었습니다. 또한 휴대폰이나 태블릿 등 전자기기와 떨어져서 사흘 동안 녹색이 울창한 자연에서 지내면 창의력이 50%나 향상된다고 합니다.[7] 이 효과는 18~60세에서도 공통적으로 나타났습니다.

원시시대의 인류에게 녹색은 바로 근처에 물이 존재한다는 사실을 의미했습니다. 따라서 녹색을 보면 뇌가 안심을 하고 편안해합니다. 같은 맥락에서, 녹색을 이용하면 질병 완치율이 높아지거나[8] 범죄율이 감소하는 효과(녹색 지역에서는 도난은 48%, 폭력 사건은 52% 감소)가 있는 것으로 나타났습니다.[9]

지금쯤 '그럼 녹색 들판에서 아이를 뛰어놀게 하면 창의력이 쑥쑥 자라겠구나!'라고 생각하실 테지요. 하지만 무작정 뛰어논다고 저절로 창의력이 발달하는 것은 아닙니다. 예전에 특허청에 근무하면서 최첨단 기술을 접한 경험에 비추어보면, 새로운 아이디어는 절대 제로(0)에서 탄생하지 않습니다. 난생 처음 보는 것 같은 물건도 자세히 뜯어보면 기존의 아이디어들을 재조합해서 생겨났다는 것을 알 수 있지요.

이를테면 AI와 자동차의 조합으로 '자율주행'이라는 개념이 탄생했고, 나노 기술과 의료가 만나서 '부작용이 적은 차세대 항암제'가 개발되었으며, 인터넷 기술과 전화가 서로 이어져 스마트폰이 태어났습니다. 이런 식으로 새로운 아이디어는 두 가지 이상의 요소가 만나고 뒤섞여야 세상에 모습을 드러낼 수 있습니다. 말하자면 기존의 지식이나 변화무쌍한 기술을 모르면 아이디어가 확장되지 못하지요.

아동 연구에서도 놀이법을 전혀 가르쳐주지 않고 아이가 알아서 놀게 한 그룹과 여러 놀이법을 가르쳐준 그룹을 비교했을 때 후자가 압도적으로 새로운 놀이 방법을 짜내는 횟수가 많은 것으로 드러났습니다.[10]

새로운 놀이 방법을 가르쳐주거나, 지금까지 체험한 적 없는 운동이나 놀잇감을 같이 즐기거나, 한 번도 가본 적 없는 장소(동물원, 박물관, 놀이동산 등)에 데려가는 식으로 아이가 흥미진진한 세계를 경험하게 이끌어주세요. 흥미롭고 무궁무진한 체험 활동이 아이의 참신한 발상을 싹틔워서 상상할 수도 없을 만큼 놀라운 창의력이 꽃피울지도 모릅니다.

05

●

귀한 자식일수록
여행을 시켜라

Question

스트레스에 강한 아이로 키우고 싶어요.

Answer

여행은 스트레스에 대처하는 힘을 길러줍니다!

스트레스에도 끄떡없는 강인한 아이로 키우려면 스킨십을 자주 해주거나(4장 '01. 스킨십은 뇌 발달에 좋다' 참고), 일기를 쓰게 하거나(2장 '03. 집안일을 잘하는 아이가 공부도 잘한다' 참고), 노력을 칭찬해주거나(4장 '06. 아이에 따라 칭찬 방법과 횟수가 달라져야 한다' 참고), 동물을 키우는(3장 '07. 반려동물을 키움으로써 기대할 수 있는 효과들' 참고) 등 여러 가지 방법이 있습니다.

지금 이 시각에도 스트레스 내성과 관련해 수많은 연구가

진행되고 있는데, 그중에서 미국 캘리포니아대학교 엘리사 에
펠Elissa Epel 교수 연구팀이 발표한 놀라운 분석 자료를 소개합
니다. 분석 결과는 '여행은 유전자를 활성화시켜서 스트레스에
대처하는 힘을 키워준다'입니다.[11] 저도 처음에 이 결과를 접하
고 눈을 의심했습니다.

연구팀은 평소 명상을 하지 않는 여성들을 모집해서 리조트
에서 6일 동안 지내게 했습니다. 아울러 리조트에서 지내기 전
과 리조트에서 지낸 후에 각각 참가자들의 혈액을 채취하여 유
전자 활성도를 조사했습니다. 그 결과 리조트에서 지낸 뒤에
유전자가 고도로 활성화된 사실을 확인했습니다. 더욱이 유전
자 자체가 변해서(1장 '01. 아이의 DNA를 바꾸는 환경의 힘' 참고)
스트레스 내성이 강해지고 면역력도 높아졌습니다. 연구팀은
이러한 현상을 가리켜 '휴가 효과vacation effect'라고 부르고, 1년에
적어도 6일 동안은 휴가를 쓸 것을 권유했습니다.

제 지인 중에는 감기를 달고 살거나 천식을 앓던 사람이 하
와이로 여행을 간 뒤로 증상이 한결 호전된 사람이 있습니다.
유전자가 활성화된 결과겠지요. 유전자가 활성화되면 스트레
스에 강해지고 질병에 잘 걸리지 않으며 상쾌한 기분을 만끽할
수 있습니다. 또한 여행으로 알츠하이머병의 원인인 베타아밀
로이드beta-amyloid가 감소하는 효과까지 얻을 수 있습니다.

최근에는 여행 계획을 세우는 것만으로도 행복감이 상승한다
는 연구 결과가 발표되었습니다.[12] 여행을 다녀와서의 행복감은

약 2주 정도 유지되지만, 여행 계획을 세우며 느끼는 행복감은 약 8주 동안 지속된다고 합니다. 인간은 행복하다고 느낄수록 스트레스에 강해집니다. 그런 점에서 여행 일정을 짜고 여행 계획을 세우며 느끼는 행복감이 아이를 강인하게 키우는 최고의 방법 같습니다.

예부터 '귀한 자식일수록 여행을 시켜라'는 말이 있습니다. 가족이 다 같이 건강하고 만족스러운 하루하루를 보내기 위해서도 1년에 한 번 이상은 여행 계획을 세워보면 어떨까요?

06

●

규칙적으로 잠잘 때
얻을 수 있는 것들

Question

아이가 갑자기 버럭할 때가 많은데 혹시 늦게 자는 습관과 관련이 있을까요?

Answer

늦은 밤까지 밝은 조명에 노출되면 숙면을 취하지 못하고 부정적인 감정이 생겨날 수 있어요!

가끔 밤늦게 음식점이나 편의점에 가면 말똥말똥한 눈으로 음식을 먹고 있거나 과자를 고르는 아이들이 보입니다. 그럴 때마다 걱정이 됩니다. 분명 아이들이 자야 할 시간인 데다 밤에 밝은 빛을 보면 수면 호르몬(멜라토닌)의 분비가 억제되어 숙면하기 어렵거든요. 그러면 앞이마엽의 활성이 떨어져서 의사결정 능력이나 의사전달력이 더디게 발달하고 사소한 일에도 짜증을 내거나 학습 능력에 나쁜 영향을 끼칠 수 있습니다.

또한 밤늦게까지 깨어 있다 보면 수면 시간이 줄어들 수밖에 없습니다. **수면 부족은 대뇌 편도체에서 발생하는 부정적인 감정을 유발하기 때문에 분노를 조절하기 힘듭니다.** 캐나다 몬트리올대학교 연구팀에 따르면 아동의 수면 부족은 충동성을 부채질하거나 뇌 발달 과정에서 인지능력을 저하시킬 수 있다고 합니다.[13]

수면 시간과 관련해 싱가포르국립대학교 건강 시스템Health System에서 전 세계의 생후 0개월부터 만 3세까지의 영유아 보호자 약 3만 명을 대상으로 조사한 자료가 있습니다.[14] 분석 결과 세계 17개국 중에서 아동의 수면 시간이 긴 나라는 뉴질랜드, 영국, 호주로 나타났고(13시간 이상), 수면 시간이 가장 짧은 나라는 한국, 인도, 일본이었습니다(12시간 이하).

예전에 비해 아이들의 취침 시간이 늘어진 것은 분명합니다. 그러나 늦게 자면 성장호르몬이 충분히 분비되지 않기 때문에 아이의 뇌 발달에 나쁜 영향을 끼칠 수 있어요. 게다가 취침 전에 스마트폰이나 TV를 보면 멜라토닌 분비가 억제됩니다. 그러니 아이의 취침 시간에 신경 써주시고, 아이가 잠들기 전에는 형광등처럼 밝은 빛이 아닌 은은한 간접 조명으로 숙면할 수 있는 잠자리 환경을 만들어주셨으면 합니다.

●

인간은 계속 변화하고
끝없이 발전 가능한 존재입니다

저는 주로 성인을 대상으로 연구해왔지만 우연히 유치원 관계자에게 강연 의뢰를 받은 것을 계기로 최근에는 자녀교육을 중점 연구하고 있습니다. 불과 몇 년 전까지만 해도 유아를 대상으로 일하게 될 줄은 꿈에도 몰랐는데 지금은 아이들을 만나는 것이 즐겁고 설레서 하루하루가 감사할 따름입니다.

고백하자면, 저는 초등학교 때부터 글쓰기가 무척 약했습니다. 한 문장 쓰는 데도 오래 고민하고, 가까스로 한 문장을 쓰고도 고치느라 또 시간과 품을 들였습니다. 그래서 글을 잘 쓰는 친구들이 무척 부러웠습니다.

그렇게 한 문장 쓰기도 어려워했던 제가 이렇게 책 한 권을 완성할 수 있는 어른으로 성장한 것은 수많은 연습의 결과라고 생각합니다. 대학에 가고 연구를 하고 사업을 하면서도 초반에는 글 쓰는 업무만큼은 어떻게든 피하고 싶을 정도로 벽에 부딪혔습니다. 제가 쓴 전문용어가 어려워서 이해가 안 간다거나, 어떤 문장인지 뜻을 풀어서 써달라는 의뢰인들의 날카로운 피드백을 받으면서, 생각을 쉽게 전달하려면 어떻게 글을 써야 하는지 고민하고 수정하기를 반복하는 시행착오의 나날이었습니다.

이러한 반복 훈련 덕분에 이 책을 쓰기로 결정하고 그리 오래지 않아 본 원고를 완성할 수 있었습니다. 초등학교 때의 저를 생각하면 가히 기적과도 같은 일입니다. 이 책의 본문에서도 '어른이 되면서 재능을 발견하고 발휘할 때가 있다'는 이야기를 드렸는데, 어떤 체험을 하고 어떤 환경에 있느냐에 따라 뒤늦게라도 재능이 자랄 수 있다는 걸 몸소 체험했습니다. 누구나 1만 시간을 몰입하면 탁월한 수준에 이를 수 있다는 미국의 연구 결과가 있습니다. 이미 어른일지라도 좋아하는 일을 계속하다 보면 능력을 충분히 계발할 수 있습니다.

이처럼 인간이 경험하고 살아가야 할 환경은 매우 중요합니다. 그런 의미에서 평생을 함께할 부모의 존재, 오랜 시간을 살아갈 가정환경은 아이에게 상상 이상의 지대한 영향을 미칩니다.

그런데 자신은 전혀 바뀌지 않으면서 아이만 바꾸고자 아등바등하는 부모들도 많습니다. 어른이 변하지 않는 이상 아이는 절대로 바뀌지 않습니다. 아이 스스로 좋게 변화해야겠다고 마음먹으려면 오랜 시간이 필요합니다. 그리고 무엇보다 부모가 앞장서서 변화하는 모습을 보여주어야 합니다.

앞으로의 사회는 우리가 상상하는 것 이상으로 변화할 것입니다. 그리고 지금까지는 상식으로 통하던 일들이 더 이상 상식이 아닌 시대가 열릴 것입니다. 이때 우리 어른들이 솔선수범해서 사고를 획기적으로 혁신하는 것이 아이들의 미래를 밝혀주는 등불이 됩니다. 다음은 제가 정말 좋아해서 본문에서도 여러 차례 소개한, 찰스 다윈이 남긴 명언입니다.

"살아남은 생명체는 강해서도 아니고 현명해서도 아니다. 끝까지 살아남는 생명은 변화에 적응할 수 있는 존재다."

'모난 돌이 정 맞는다'는 속담이 존재하듯, 우리 옛 문화는 특별함, 독특함을 경계했습니다. 그러나 사람은 원래 평균에 맞출 수 있는 존재가 아닙니다. 인간은 저마다 특별한 개성을 지니고 이 세상에 태어났습니다. 몰개성을 강요하는 것 자체가 세상의 순리에 모순되는 일인지도 모릅니다.

평균이 살아남는 시대가 아닙니다. 개성을 살려야 하는 시대입니다. 아이의 개성을 찾아 고유한 특성을 살려주고, 아이가 지금까지 체험한 적 없는 새로운 세계를 경험하게 하는 것이 아이의 가능성을 극대화하고 잠재력을 이끌어내는 계기가 될 것입니다. 아이들이 빛나는 꿈을 이루어가는 사회가 되기를 바랍니다.

마지막으로, 이 책이 완성되기까지 많은 도움을 받은 분들에게 감사의 말을 전합니다. 또한 신출내기 과학자였던 저에게 과학이란 무엇인지 지도해주셨던 전 도쿄공업대학교 명예교수이자 의학박사이신 한다 히로시 은사님, 글쓰기의 기초를 전수해주신 도쿄공업대학교 야마구치 유키 교수님 감사합니다. 오차노미즈여자대학교의 우치다 노부코 교수님께는 유아교육의 지식뿐 아니라 삶의 가치와 깊이 있는 사고법을 배울 수 있었습니다.

이 글을 쓰기에 앞서 부모님에게 마지막으로 어떤 메시지를 전하면 좋을지 고민하다 잠시 자리를 비운 순간이 있었습니다. 얼마 후 책상에 다시 앉았을 때 지금까지 한 번도 본 적 없는 글자가 모니터에 띄워져 있었습니다. 제 아들이 컴퓨터 키보드를 두들기다가 이런 흔적을 남긴 것이지요.

"부모님에게 전하는 메시지@ ∷./:.,,..,,..,,..,,"

전혀 의미가 통하지 않는 문자라 사람마다 느끼는 바는 다르겠지만, 저는 이 낯선 문구를 보며 '아이들 저마다는 무엇인가 전하고 싶은 바가 있구나' 하는 생각이 문득 스쳤습니다. '@ ∷./:.,,..,,..,,' 어쩌면 의미를 찾는 게 무의미한 조합이지만, '아이는 늘 부모에게 무언가 표현을 하고 싶어 하고 이런 아이의 마음을 헤아리려는 노력이 자녀교육에서 가장 중요한 것이 아닐까' 하는 깨달음을 얻었습니다. 아이를 키우다 보면 때로는 아이를 엄하게 꾸짖고 뒤돌아 후회하며 속상해하는 날도 있습니다. 하지만 늘 마음속에 사랑과 배려를 품고 가족 모두가 행복하게 성장하기를 소망합니다.

참고 문헌

1장

1 渋谷昌三, 《面白いほどよくわかる! 心理学の本》, 西東社, 2009: 《심리학 아는 척하기》, 한주희 옮김, 팬덤북스, 2019.

2 Alaux, Cédric, et al., "Honey bee aggression supports a link between gene regulation and behavioral evolution", *Proceedings of the National Academy of Sciences of the United States of America, Vol.106(36)*, p.15400-15405, 2009.

3 Dweck, Carol S., *Mindset: The New Psychology of Success*, Ballantine Books, 2006: 《마인드셋》, 김준수 옮김, 스몰빅라이프, 2017.

4 Gladwell, Malcolm, *Outliers: The Story of Success*, Little, Brown & Co, 2008: 《아웃라이어》, 노정태 옮김, 김영사, 2019.

5 石川裕之, 「韓国の英才教育院における才能教育の現況と実態: 大学附設 科学英才教育院を中心に(한국 영재교육원의 재능교육 현황과 실태: 대학부설 과학영재교육원을 중심으로)」, 京都大学大学院 教育学研究科 紀要, 第53号, p.445-459, 2007.

6 Gardner, Howard, *Intelligence Reframed: Multiple Intelligences for the 21st Century*, Basic Books, 1999: 《다중지능 인간지능의 새로운 이해》, 문용린 옮김, 김영사, 2001.

7 Acuff, Jon, *Finish: Give Yourself the Gift of Done*, Portfolio, 2017: 《피니시 FINISH》, 임가영 옮김, 다산북스, 2017.

8 Barker, Eric, *Barking Up the Wrong Tree: The Surprising Science Behind Why Everything You Know About Success Is (Mostly) Wrong*, HarperOne, 2017: 《세상에서 가장 발칙한 성공법칙》, 조성숙 옮김, 갤리온, 2018.

9 Krech, D., Rosenzweig, M. R., Bennett, E. L., "Effects of environmental complexity and training on brain chemistry", *Journal of Comparative and Physiological Psychology, Vol.53(6)*, p.509, 1960.

10 「遊びによる脳の活性化のしくみ(놀이를 통한 두뇌 활성화의 메커니즘)」, 中山隼雄科学技術文化財団, 年次活動報告書, 2012.

11 Mahoney, J. L., Lord, H., Carryl, E., "An ecological analysis of after-school program participation and the development of academic performance and motivational attributes for disadvantaged children", *Child Development, Vol.76(4)*, p.811-825, 2005.

12 Gailliot, M. T. & Baumeister, R. F., "The physiology of willpower: linking blood glucose to self-control", *Personality and Social Psychology Review, Vol.11(4)*, p.303-327, 2007.

13 Hetzer, H., "100 years of child psychology research", *Fortschritte der Medizin, Vol.101(7)*, p.255-258, 1983.

14 Spengler, Marion, et al., "Student characteristics and behaviors at age 12 predict occupational success 40 years later over and above childhood IQ and parental socioeconomic status", *Developmental Psychology, Vol.51(9)*, p.1329-1340, 2015.

15 Judge, T. A., Livingston, B. A., Hurst, C., "Do nice guys-and gals-really finish last? The joint effects of sex and agreeableness on income", *Journal of personality and social psychology, Vol.102(2)*, p.390-407, 2012.

16 Hu, Y., et al., "GWAS of 89,283 individuals identifies genetic variants associated with self-reporting of being a morning person", *Nature Communication, Vol.7(10448)*, 2016.

17 安藤寿康,《日本人の9割が知らない遺伝の真実(일본인의 90%가 모르는 유전의 진실)》, SBクリエイティブ, 2016.

18 Keller, T. A. & Just, M. A., "Structural and functional neuroplasticity in human learning of spatial routes", *NeuroImage, Vol.125*, p.256-266, 2016.

19 Sasmita, A. O., et al., "Harnessing neuroplasticity: modern approaches and clinical future", *International Journal of Neuroscience, Vol.128(11)*, p.1061-1077, 2018.

20 Rakic, P., "Neurogenesis in adult primate neocortex: an evaluation of the evidence", *Nature Reviews Neuroscience, Vol.3(1)*, p.65-71, 2002.

21 Vohs, Kathleen D., et al., "Physical order produces healthy choices, generosity, and conventionality, whereas disorder produces creativity", *Psychological Science, Vol.24(9)*, p.1860-1867, 2013.

22 Mannezza, S., et al., "Hyperactive boys almost grown up: V. Replication of psychiatric status", *Archives of General Psychiatry, Vol.48(1)*, p.77-83, 1991.

23 Wedge, Marilyn, *A Disease Called Childhood: Why ADHD Became an American Epidemic,* Avery, 2015.

24 Fritz, K. M. & O'connor, P., "Acute exercise improves mood and motivation in young men with ADHD symptoms", *Medicine and science in sports and exercise, Vol.48(6)*, p.1153-1160, 2016.

25 Hillman, C. H., et al., "Be smart, exercise your heart: exercise effects on brain and cognition", *Nature Review Neuroscience, Vol.9(1)*, p.58-65, 2008.

26 Coe, D. P., et al., "Effect of physical education and activity levels on academic achievement in children", *Medicine and Science in Sports and Exercise, Vol.38(8)*, p.1515-1519, 2006.

27 Sibley, B. A. & Etnier, J. L., "The relationship between physical activity and cognition in children: A meta-analysis", *Pediatric Exercise Science, Vol.15(3)*, p.243-256, 2003.

28 杉原隆, 森司朗, 吉田伊津美, 「幼児の運動能力発達の年次推移と運動能力発達に関与する環境要因の構造的分析(유아의 운동 능력 발달의 연차 추이와 운동 능력 발달에 관여하는 환경 요인의 구조적 분석)」, 平成14-15年度 文部科学省科学研究費補助金(基盤研究B) 研究成果報告書, 2004.

29 Flynn, Jennifer I., et al., "The Association between study time, grade point average and physical activity participation in college students: 2290: Board #178 May 28 3:30 PM-5:00 PM", *Medicine & Science in Sports & Exercise, Vol.41(5)*, p.297, 2009.

30 Servin, A., et al., "Sex differences in 1-, 3-, and 5-year-olds' toy-choice in a structured play-session", *Scandinavian journal of psychology, Vol.40(1)*, p.43-48, 1999.

31 Alexander, G. M. & Hines, M., "Sex differences in response to children's toy in nonhuman primates (Cercopithecus aethiops sabaeus)", *Evolution & Human Behavior, Vol.23(6)*, p.467-479, 2002.

32 Abramov, Israel, et al., "Sex & vision I: Spatio-temporal resolution", *Biology of Sex Differences, Vol.3(1)20*, 2012.

33 Abramov, Israel, et al., "Sex and vision II: color appearance of monochromatic lights", *Biology of Sex Differences, Vol.3(1)21*, 2012.

34 Moore, D. S. & Johnson, S. P., "Mental rotation in Human Infants: A sex difference", *Psychological science, Vol.19(11)*, p.1063-1066, 2008.

35 Quinn, P. C. & Liben, L. S., "A sex difference in mental rotation in young infants", *Psychological science, Vol.19(11)*, p.1067-1070, 2008.

36 Voyer, D., et al., "Magnitude of sex differences in spatial abilities: A meta-analysis and consideration of critical variables", *Psychological Bulletin, Vol.117(2)*, p.250-270, 1995.

37 Eaton, W. O. & Enns, L. R., "Sex differences in human motor activity level", *Psychological Bulletin, Vol.100(1)*, p.19-28, 1986.

38 Ozel, S., et al., "Relation between sport and spatial imagery: Comparison of three groups of participants", *The Journal of Psychology, Vol.138(1)*, p.49-63, 2004.

39 Hoekzema, Elseline, et al., "Pregnancy leads to long-lasting changes in human brain structure", *Nature Neuroscience, Vol.20(2)*, p.287-296, 2017.

40 Hibbeln, J. R., et al., "Maternal seafood consumption in pregnancy and neurodevelopmental outcomes in childhood (ALSPAC study): an observational cohort study", *Lancet, Vol.369(9561)*, p.578-585, 2007.

41 Ravelli, A. C., et al., "Glucose tolerance in adults after prenatal exposure to famine", *Lancet, Vol.351(9097)*, p.173-177, 1998.

42 Tobi, E. W., et al., "DNA methylation signature link prenatal famine exposure to growth and metabolism", *Nature Communications, Vol.5(5592)*, 2014.

2장

1 Miyamoto, Misako, et al., "The child monologue", *The Japanese Association of Educational Psychology, Vol.13(4)*, p.14-20, 1965.

2 Sano, M., et al., "Increased oxygen load in the prefrontal cortex from mouth breathing: a vector-based near-infrared spectroscopy study", *Neuroreport, Vol.24(17)*, p.935-940, 2013.

3 Arshamian, Artin, et al., "Respiration modulates olfactory memory consolidation in humans", *Journal of Neuroscience, Vol.38(48)*, p.10286-10294, 2018.

4 小久江由佳子 他(東北大学),「小児の口呼吸に対する実態調査(아동의 입호흡 관련 실태 조사)」, 小児歯科学雑誌, Vol.41(1), p.140-147, 2003.

5 "Involving children in household tasks: Is it worth the effort?", Sep.2002, published by University of Minnesota.
http://ghk.h-cdn.co/assets/cm/15/12/55071e0298a05_-_Involving-children-in-household-tasks-U-of-M.pdf.

6 Vaillant, G. E. & Vaillant, C. O., "Natural history of male psychological health, X: Work as a predictor of positive mental health", *The American Journal of Psychiatry, Vol.138(11)*, p.1433-1440, 1981.

7 Lumley, M. A. & Provenzano, K. M., "Stress management through written emotional disclosure improves academic performance among college students with physical symptoms", *Journal of Educational Psychology, Vol.95(3)*, p.641-649, 2003.

8 Lyubomirsky, S. & Tkach, C., "The Consequences of dysphoric rumination", C. Papageorgiou and A. Wells(Eds.), *Rumination: Nature, Theory, and treatment of negative thinking in depression*, p.21-41, John Wiley & Sons, 2003.

9 Spera, S. P., Buhrfeind, E. D. and Pennebaker, J. W., "Expressive writing and coping with job loss", *Academy of Management Journal, Vol.37(3)*, p.722-733, 1994.

10 Mahon, M. & Crutchley, A., "Performance of typically-developing school-age children with English as an additional language on the British Picture Vocabulary

Scales II", *Child Language Teaching and Therapy*, Vol.22(3), p.333-351, 2006.

11 Oller, D. K. & Eilers, R. E., *Language and literacy in bilingual children*, Multilingual Matters, 2002.

12 Gollan, T. H. & Acenas, Lori-Ann R., "What is a TOT? Cognate and translation effects on tip-of-the-tongue states in Spanish-English and Tagalog-English bilinguals", *Journal of Experimental Psychology Learning Memory and Cognition*, Vol.30(1), p.246-269, 2004.

13 Bialystok, E., "Cognitive complexity and attentional control in the bilingual mind", *Child Development, Vol.70(3)*, p.636-644, 1999.

14 Fan, S. P., et al., "The exposure advantage: Early exposure to a multilingual environment promotes effective communication", *Psychological Science, Vol.26(7)*, p.1090-1097, 2015.

15 Genesee, F., Tucker, G. R. & Lambert, W. E., "Communication skills of bilingual children", *Child Development, Vol.46(4)*, p.1010-1014, 1975.

16 Siegal, M., Iozzi, L., Surian, L., "Bilingualism and conversational understandings in young children", *Cognition, Vol.110(1)*, p.115-122, 2009.

17 Grosjean, F., *Bilingual: Life and reality*, Harvard University Press, 2010.

18 Gold, Brian T., et al., "Lifelong bilingualism maintains neural efficiency for cognitive control in aging", *The Journal of Neuroscience, Vol.33(2)*, p.387-396, 2013.

19 Athanasopoulos, Panos, et al., "Two languages, two minds: Flexible cognitive processing driven by language of operation", *Psychological Science, Vol.26(4)*, p.518-526, 2015.

20 Chamberlain, Rebecca, "Drawing as a window onto expertise", *Current Directions in Psychological Science, Vol.27(6)*, p.501-507, 2018.

21 藤野良孝, 《「一流」が使う魔法の言葉('최고'가 구사하는 마법의 말)》, 祥伝社, 2011.

22 Ericsson, Anders & Pool, Robert, *Peak: Secrets from the New Science of Expertise*, Houghton Mifflin Harcourt, 2016: 《1만 시간의 재발견》, 강혜정 옮김, 비즈니스

북스, 2016.

23 Smith, S. M., Glenberg, A., Bjork, R. A., "Environmental context and human memory", *Memory & Cognition, Vol.6(4)*, p.342-353, 1978.

24 Suwabe, K., et al., "Acute moderate exercise improves mnemonic discrimination in young adults", *Hippocampus, Vol.27(3)*, p.229-234, 2017.

25 Griffin, E. W., et al., "Aerobic exercise improves hippocampal function and increases BDNF in the serum of young adult males", *Physiology & Behavior, Vol.104(5)*, p.934-941, 2011.

26 van Dongen, Eelco V., et al., "Physical exercise performed four hours after learning improves memory retention and increases hippocampal pattern similarity during retrieval", *Current Biology, Vol.26(13)*, p.1722-1727, 2016.

27 Edmonds, C. J. & Burford, D., "Should children drink more water?: The effects of drinking water on cognition in children", *Appetite, Vol.52(3)*, p.776-779, 2009.

28 Benton, D. & Burgess, N., "The effect of the consumption of water on the memory and attention of children", *Appetite, Vol.53(1)*, p.143–146, 2009.

29 Booth, P., Taylor, B. G. and Edmonds, C. J., "Water supplementation improves visual attention and fine motor skills in schoolchildren", *Education and Health, Vol.30(3)*, p.75-79, 2012.

30 Bureau of Labor Statistics: National Longitudinal Survey of Youth, 1997. https://www.nlsinfo.org/content/cohorts/nlsy97.

31 浦坂純子, 西村和雄, 平田純一, 八木匡, 「理系出身者と文系出身者の年収比較: JHPS データに基づく分析結果(이과 계열 출신자와 문과 계열 출신자의 연봉 비교: JHPS 자료에 기초한 분석 결과)」, 《RIETI Discussion Paper Series 11-J-020》(独立行政法人 経済産業研究所), p.1-22, 2011.

32 西村和雄, 平田純一, 八木匡, 浦坂純子, 「高等学校における理科学習が就業に及ぼす影響: 大卒就業者の所得データが示す証左(고등학교 이과 학습이 취업에 미치는 영향: 대졸 취업자의 소득 자료가 제시하는 증거)」, 《RIETI Discussion Paper Series 12-J-001》(独立行政法人 経済産業研究所), p.1-19, 2012.

33 浦坂純子, 西村和雄, 平田純一, 八木匡, 「理系出身者と文系出身者の年収比較: JHPS データに基づく分析結果(이과 계열 출신자와 문과 계열 출신자의 연봉 비교: JHPS 자료에 기초한 분석 결과)」,《RIETI Discussion Paper Series 11-J-020》(独立行政法人経済産業研究所), p.1-22, 2011.

34 西村和雄, 平田純一, 八木匡, 浦坂純子, 「高等学校における理科学習が就業に及ぼす影響: 大卒就業者の所得データが示す証左(고등학교 이과 학습이 취업에 미치는 영향: 대졸 취업자의 소득 자료가 제시하는 증거)」,《RIETI Discussion Paper Series 12-J-001》(独立行政法人経済産業研究所), p.1-19, 2012.

35 Wagner, U., et al., "Sleep inspires insight", *Nature, Vol.427(6972)*, p.352-355, 2004.

36 Walfson, A. R. & Carskadon, M. A., "Sleep schedules and daytime functioning in adolescents", *Child development, Vol.69(4)*, p.875-887, 1998.

37 Gillen-O'Neel, Cari, et al., "To study or to sleep? The academic costs of extra studying at the expense of sleep", *Child development, Vol.84(1)*, p.133-142, 2013.

38 Taki, Y., et al., "Sleep duration during weekdays affects hippocampal gray matter volume in healthy children" *NeuroImage, Vol.60(1)*, p.471-475, 2012.

39 Moffitt, Terrie E., et al., "A gradient of childhood self-control predicts health, wealth, and public safety", *Proceedings of the National Academy of Sciences of the United States of America, Vol.108(7)*, p.2693-2698, 2011.

40 McClelland, M. M., et al., "Links between behavioral regulation and preschoolers' literacy, vocabulary, and math skills", *Developmental Psychology, Vol.43(4)*, p.947-959, 2007.

41 Austin, E. J., et al., "Relationships between ability and personality: does intelligence contribute positively to personal and social adjustment?", *Personality and Individual Differences, Vol.32(8)*, p.1391-1411, 2002.

42 Cameron Ponitz, C. E., McClelland, M. M., Jewkes, A. M., et al., "Touch your toes! developing a direct measure of behavioral regulation in early childhood", *Early Childhood Research Quarterly, Vol.23(2)*, p.141-158, 2008.

43 Tominey, S., "And when they woke up... they were monkeys!" Using classroom

games to improve preschoolers's behavioral self-regulation, Unpublished doctoral dissertation, Oregon State University, 2010.

44 Tominey, S. & MacClelland, M. M., "And when they woke up. they were monkeys!" Using classroom games to promote preschooler's self-regulation and school readiness, Poster presented at the Conference on Human Development in Indianapolis, Indiana, 2008.

45 Soutschek, Alexander, et al., "Brain stimulation reveals crucial role of overcoming self-centeredness in self-control", *Science Advances, Vol.2(10)*, e1600992, 2016.

46 Ryan, Richard M., Deci, Edward L., "Self-determination theory and the facilitation of intrinsic motivation, social development, and well-being", *American Psychologist, Vol.55(1)*, p.68-78, 2000.

47 「大学生 400名・ビジネスマン 500名を対象にした「朝ごはんに関する意識と実態調査」を実施: 朝ごはんを食べる習慣と′人生を成功に導くこととの関連性が明らかに(대학생 400명, 사회인 500명을 대상으로 '아침식사 관련 의식과 실태 조사' 실시: 아침식사 습관과 인생 성공과의 뚜렷한 연관성)」, 東北大学 加齢医学研究所 スマート・エイジング国際共同研究センター プレスリリース, 2010年1月12日.
https://www.tohoku.ac.jp/japanese/newimg/pressimg/20100112_01.pdf.

48 Akistuki, Y., et al., "Nutritional quality of breakfast affects cognitive function: An fMRI study", *Neuroscience & Medicine, Vol.2(3)*, p.192-197, 2011.

3장

1 篠田有子, 《子どもの将来は「寝室」で決まる》, 光文社, 2009: 《아이의 장래는 침실에서 결정된다》, 정태원 옮김, 태동출판사, 2010.

2 Chen, X., et al., "Child-rearing attitudes and behavioral inhibition in Chinese and Canadian toddlers: a cross-cultural study", *Developmental Psychology, Vol.34(4)*, p.677-686, 1998.

3 Zhao, T. C. & Kuhl, P. K., "Musical intervention enhances infants' neural processing of temporal structure in music and speech", *Proceedings of the National*

Academy of Sciences of the United States of America, Vol.113(19), p.5212-5217, 2016.

4 Anvari, S. H., et al., "Relations among musical skills, phonological processing, and early reading ability in preschool children", *Journal of Experimental Child Psychology, Vol.83(2)*, p.111-130, 2002.

5 Chanda, Mona Lisa & Levitin, Daniel J., "The neurochemistry of music", *Trends in Cognitive Science, Vol.17(4)*, p.179-193, 2013.

6 Seltzer, L. J., et al., "Social vocalizations can release oxytocin in humans", *Proceedings of the Royal Society B: Biological Sciences, Vol.277(1694)*, p.2661-2666, 2010.

7 Chabris, C. F., "Prelude or requiem for the 'Mozart effect'?" *Nature, Vol.400(6747)*, p.826-827, 1999.

8 Alain, C., et al., "Different neural activities support auditory working memory in musicians and bilinguals", *Annals of the New York Academy of Sciences, Vol.1423(1)*, p.435-446, 2018.

9 八木剛平,「精神疾患におけるレジリアンス: 生物学的研究を中心に(정신질환에서 고찰한 회복탄력성: 생물학적 연구를 중심으로)」, 精神経誌, Vol.110(9), p.770-775, 2008.

10 Achor, Shawn, *The happiness Advantage: The Seven Principles of Positive Psychology that Fuel Success and Performance at Work*, Penguin Random House, 2010.

11 大橋節子,「不登校経験のある高校生のレジリエンスに対するパフォーマンス活動の効果と学校適応への影響: K高校パフォーマンスコースの実践から(등교 거부 경험이 있는 고등학생의 회복탄력성과 관련된 연극 활동의 효과와 학교 적응에 미치는 영향: K고교 연기 과정의 실천을 중심으로)」, 甲南女子大学大学院論集, Vol.12, p.17-27, 2014.

12 Schellenberg, E. G., "Long-term positive associations between music lessons and IQ", *Journal of Educational Psychology, Vol.98(2)*, p.457-468, 2006.

13 Prot, S., et al., "Video Games: Good, Bad, or Other?", *Pediatric Clinics of North America, Vol.59(3)*, p.647-658, 2012.

14 Uhls, Yalda T., et al., "Five days at outdoor education camp without screens improves preteen skills with nonverbal emotion cues", *Computers in Human Behavior, Vol.39*, p.387-392, 2014.

15 Green, C. Shawn & Bavelier, Daphne, "Action video game modifies visual selective attention", *Nature, Vol.423(6939)*, p.534–537, 2003.

16 Etchells, Peter J., et al., "Prospective investigation of video game Use in children and subsequent conduct disorder and depression using data from the avon longitudinal study of parents and children", *PLoS One, Vol.11(1)*, e0147732, 2016.

17 Przybylski, A. K., "Electronic gaming and psychosocial adjustment", *Pediatrics, Vol.134(3)*, e716-e722, 2014.

18 Vanderschuren, L. J. M. J., et al., "The neurobiology of social play behavior in rats", *Neuroscience and Biobehavioral Reviews, Vol.21(3)*, p.309-326, 1997.

19 Rose, K. A., et al., "Outdoor activity reduces the prevalence of myopia in children", *Ophthalmology, Vol.115(8)*, p.1279-1285, 2008.

20 Purewal, Rebecca, et al., "Companion animals and child/adolescent development: A systematic review of the evidence", *International Journal of Environmental Research and Public Health, Vol.14(3)*, p.234, 2017.

21 Bergroth, E., et al., "Respiratory tract illnesses during the first year of life: effect of dog and cat contacts", *Pediatrics, Vol.130(2)*, p.211-220, 2012.

22 A. H. キャッチャー, A. M. ベック 編, コンパニオン・アニマル研究会訳, 《コンパニオン・アニマル: 人と動物のきずなを求めて(반려동물: 인간과 동물의 유대감을 찾아서)》, 誠信書房, 1994.

23 Dweck, Carol S., *Mindset: The New Psychology of Success,* Ballantine Books, 2006: 《마인드셋》, 김준수 옮김, 스몰빅라이프, 2017.

24 Shellenbarger, Sue, "The Power of the Earliest Memories", *The Wall Street Journal,* April 7, 2014.
https://www.wsj.com/articles/the-power-of-the-earliest-memories-1396908675.

25 Zaman, W. & Fivush, R., "When my mom was a little girl…: Gender differences

in adolescents' intergenerational and personal stories", *Journal of Research on Adolescence, Vol.21(3)*, p.703-716, 2011.

26 Smith, S. M. & Petty, R. E., "Personality moderators of mood congruency effects on cognition: The role of self-esteem and negative mood regulation", *Journal of Personality and Social Psychology, Vol.68(6)*, p.1092-1107, 1995.

27 Amabile, T. M., "Children's artistic creativity: Detrimental effects of competition in a field setting", *Personality and Social Psychology Bulletin, Vol.8(3)*, p.573–578, 1982.

28 太田伸幸,「学習場面におけるライバルの有無に影響する要因: 競争と学習に対する態度に注目して(학습 장면에서 경쟁자 유무에 영향을 끼치는 요인: 경쟁과 학습에 대한 태도에 주목해서)」, 愛知工業大学研究報告 基礎教育

4장

1 Moore, S. R., et al., "Epigenetic correlates of neonatal contact in humans", *Development and Psychopathology, Vol.29(5)*, p.1517-1538, 2017.

2 Zhang, T. Y. and Meaney, M. J., "Epigenetics and the environmental regulation of the genome and its function", *Annual Review of Psychology, Vol.61*, p.439-466, 2010.

Cameron, N. M., et al., "The programming of individual differences in defensive responses and reproductive strategies in the rat through variations in maternal care", *Neuroscience and Biobehavioral Reviews, Vol.29(4-5)*, p.843-865, 2005.

3 Suomi, S. J., "Risk, resilience, and gene x environment interactions in rhesus monkeys", *Annals of the New York Academy of Sciences, Vol.1094(1)*, p.52-62, 2006.

4 Wellman, H. M. & Liu, D., "Scaling of theory-of-mind tasks", *Child Development, Vol.75(2)*, p.523-541, 2004.

5 Sloutsky, V. M. & Napolitano, A. C., "Is a picture worth a thousand words? preference for auditory modality in young children", *Child Development, Vol.74(3)*, p.822-833, 2003.

6 Lewis, M., Stranger, C. & Sullivan, M. W., "Deception in 3-year-olds", *Developmental Psychology, Vol.25(3)*, p.439-443, 1989.

7 Matsui, T. & Miura, Y., "Three-year-olds are capable of deceiving others in the pro-social context but not in the manipulative context", Poster presentation at the 2011 Biennial Meeting of Society for Research in Child Development, 2011.

8 Freedman, J. L., "Long-term behavioral effects of cognitive dissonance", *Journal of Experimental Social Psychology, Vol.1(2)*, p.145-155, 1965.

9 Langer, E. J., et al., "The mindlessness of ostensibly thoughtful action: The role of 'placebic' information in interpersonal interaction", *Journal of Personality and Social Psychology, Vol.36(6)*, p.635-642, 1978.

10 Mueller, C. M. & Dweck, C. S., "Praise for intelligence can undermine children's motivation and performance", *Journal of Personality and Social Psychology, Vol.75(1)*, p.33-52, 1998.

11 Lubby, Joan L., et al., "Preschool is a sensitive period for the influence of maternal support on the trajectory of hippocampal development", *Proceedings of the National Academy of Sciences of the United States of America, Vol.113(20)*, p.5742-5747, 2016.

12 Baker, G. P. & Graham, S., "Developmental study of praise and blame as attributional cues", *Journal of Educational Psychology, Vol.79(1)*, p.62-66, 1987.

13 Collins, N. L. & Feeney, B. C., "Working model of attachment shape perceptions of social support: Evidence from experimental and observational studies", *Journal of Personality and Social Psychology, Vol.87(3)*, p.363-383, 2004.

14 青木直子, 「小学校の1年生のほめられることによる感情反応: 教師と一対一の場合とクラスメイトがいる場合の比較(초등학교 1학년생의 칭찬을 통한 감정 반응: 교사와 일대일 상황과 학급 친구들이 있을 때의 비교)」, 発達心理学研究, Vol.20(2), p.155-164, 2009.

15 Holmes, J., "Compliments and compliment response in New Zealand English", *Anthropological Linguistics, Vol.28(4)*, p.485-508, 1986.

16 Deci, E. L., "Effects of externally mediated rewards on intrinsic motivation",

Journal of Personality and Social Psychology, Vol.18(1), p.105–115, 1971.

17 Murayama, K., et al, "Neural basis of the undermining effect of monetary reward on intrinsic motivation", *Proceedings of the National Academy of Sciences of the United States of America, Vol.107(49)*, p.20911-20916, 2010.

18 Fryer, Roland G., "Financial incentives and student achievement: Evidence from randomized trials", *The Quarterly Journal of Economics, Vol.126(4)*, p.1755-1798, 2011.

19 西村和雄, 八木匡, 「子育てのあり方と倫理観 幸福感 所得形成: 日本における 実証研究(양육 방식과 윤리관, 행복감, 소득 형성: 일본의 실증 연구)」,《RIETI Discussion Paper Series 16-J-048》(独立行政法人 経済産業研究所), p.1-24, 2016.

20 許佳美, 「母親の育児態度と子どもの発達: 中日比較調査(엄마의 육아 태도 와 아이의 발달: 중일 비교조사)」, 関西学院大学 臨床教育心理学 研究, Vol.21, p.147-158, 1995.

21 楊, 李, 田中敏明, 「少子化時代における親の幼児への教育観に関する比較文化 的研究: 中日韓比較(中国語)(저출산 시대에 부모가 자녀를 대하는 교육관에 관 한 비교문화적 연구: 한중일 비교)」, 学前教育研究, Vol.77, p.32-35, 1999.

22 Yang, Junyi, et al., "Only-child and non-only-child exhibit differences in creativity and agreeableness: evidence from behavioral and anatomical structural studies", *Brain Imaging and Behavior, Vol.11(2)*, p.493–502, 2017.

23 西村和雄, 八木匡, 「子育てのあり方と倫理観 幸福感 所得形成: 日本における 実証研究(양육 방식과 윤리관, 행복감, 소득 형성: 일본의 실증 연구)」,《RIETI Discussion Paper Series 16-J-048》(独立行政法人 経済産業研究所), p.1-24, 2016.

24 Kamiya, K., et al., "Prolonged gum chewing evokes activation of the ventral part of prefrontal cortex and suppression of nociceptive responses: involvement of the serotonergic system", *Journal of Medical and Dental Sciences, Vol.57(1)*, p.35-43, 2010.

5장

1 Baumrind, D., "Child care practices anteceding three patterns of preschool behavior", *Genetic Psychology Monographs, Vol.75(1)*, p.43-88, 1967.

2 Baumrind, D., "Authoritarian vs. authoritative parental control", *Adolescence, Vol.3(11)*, p.255-272, 1968.

3 Maccoby, E. E. & Martin, J. A., "Socialization in the context of the family: Parent-child interaction", In Mussen, P. H. & Hetherington, E. M. (Eds.), *Handbook of Child Psychology, Vol.4*, p.1-102, New York: Wiley, 1983.

4 西村和雄, 八木匡, 「子育てのあり方と倫理観 幸福感 所得形成: 日本における実証研究(양육 방식과 윤리관, 행복감, 소득 형성: 일본의 실증 연구)」,《RIETI Discussion Paper Series 16-J-048》(独立行政法人 経済産業研究所), p.1-24, 2016.

5 Raver, C. C., et al., "Poverty, household chaos, and interparental aggression predict children's ability to recognize and modulate negative emotions", *Development and Psychopathology, Vol.27(3)*, p.695-708, 2015.

6 Baker, Amy J. L., *Adult Children of Parental Alienation Syndrome: Breaking the Ties That Bind,* W. W. Norton & Company, 2007.

7 Holmes, M. R., "The sleeper effect of intimate partner violence exposure: long-term consequences on young children's aggressive behavior", *Journal of Child Psychology and Psychiatry, Vol.54(9)*, p.986-995, 2013.

8 株式会社結婚情報センター(Nozze), 「夫婦喧嘩と仲直りに関するアンケート調査報告(부부싸움과 화해에 관한 설문 조사 보고)」, 2009. https://megalodon.jp/ref/2013-0201-2037-12/www.nozze.com/pdf/vs_090115.pdf

9 Lora, K. R., et al., "Frequency of family meals and 6-11 year-old children's social behaviors", *Journal of Family Psychology, Vol.28(4)*, p.577-582, 2014.

10 Gottman, John & DeClaire, Joan, *The Relationship Cure: A Five-Step Guide for Building Better Connections with Family, Friends, and Lovers,* Crown, 2001.
Gottman, John & Silver, Nan, *The Seven Principles for Making Marriage Work: A Practical Guide from the Country's Foremost Relationship Expert,* Three Rivers

Press, 1999:《행복한 부부 이혼하는 부부》, 임주현 옮김, 문학사상사, 2002.

11 Slatcher, Richard B., et al., "Am 'I' more important than 'we'? Couples' word use in instant messages", *Personal Relationships, Vol.15(4)*, p.407-424, 2008.

12 Baumeister, Roy F. & Tierney, John, Willpower: Rediscovering the Greatest Human Strength, Penguin Press, 2011:《의지력의 재발견》, 이덕임 옮김, 에코리브르, 2012.

13 Barnes, C. M., "Lack of sleep and unethical conduct", *Organizational Behavior and Human Decision Processes, Vol.115(2)*, p.169-180, 2011.

14 Baron, R. A., "The sweet smell of...helping: Effects of pleasant ambient fragrance on prosocial behavior in shopping malls", *Personality and Social Psychology Bulletin, Vol.23(5)*, p.498-503, 1997.

15 Seo, H. S., et al., "Effects of coffee bean aroma on the rat brain stressed by sleep deprivation: a selected transcript- and 2D gel-based proteome analysis", *Journal of Agricultural and Food Chemistry, Vol.56(12)*, p.4665-4673, 2008.

16 池谷裕二,《脳には妙なクセがある》, 扶桑社, 2012:《뇌는 왜 내 편이 아닌가》, 최려진 옮김, 위즈덤하우스, 2013.

17 Moss, Mark, et al., presented at the British Psychological Society's Annual Conference in Nottingham, 2016.
https://www.eurekalert.org/news-releases/665556.

18 Shenk, Joshua Wolf, "What makes us happy? Is there a formula—some mix of love, work, and psychological adaptation—for a good life?", *The Atlantic*, June 2009.
https://www.theatlantic.com/magazine/archive/2009/06/what-makes-us-happy/307439/.

19 Cabrera, N. J., Shannon, J. D., Tamis-LeMonda, C., "Fathers' influence on their children's cognitive and emotional development: From toddlers to pre-K", *Applied Developmental Science, Vol.11(4)*, p.208-213, 2007.

20 Padilla-Walker, Laura M., et al., "Keep on keeping on, even when it's hard! Predictors and outcomes of adolescent persistence", *The Journal of Early*

Adolescence, Vol.33(4), p.432-456, 2013.

21 Nettle, Daniel, "Why do some dads get more involved than others? Evidence from a large British cohort", *Evolution & Human Behavior, Vol.29(6)*, p.416-423, 2008.

22 Khaleque, A. & Rohner, R. P., "Transnational relations between perceived parental acceptance and personality dispositions of children and adults: a meta-analytic review", *Personality and Social Psychology Review, Vol.16(2)*, p.103-115, 2012.

23 Croft, A., Schmader, T., Block, K., Baron, A. S., "The second shift reflected in the second generation: Do parents' gender roles at home predict children's aspirations?", *Psychological Science, Vol.25(7)*, p.1418-1428, 2014.

24 Gettler, Lee T., et al., "Does cosleeping contribute to lower testosterone levels in Fathers? Evidence from the Philippines", *PLoS ONE, Vol.7(9)*, e41559, 2012.

25 Aronson, E., Willerman, B., Floyd, J., "The effect of a pratfall on increasing interpersonal attractiveness", *Psychonomic Science, Vol.4(6)*, p.227-228, 1966.

26 Snodgrass, S. E., Higgins, J. G., Todisco, L., "The effects of walking behavior on mood", Paper presented at the 94th Annual Convention of the American Psychological Association, 1986.
https://eric.ed.gov/?id=ED284086.

27 Hsu, Laura M., Chung, Jaewoo, Langer, Ellen J., "The influence of age-related cues on health and longevity", *Perspectives on Psychological Science, Vol.5(6)*, p.632-648, 2010.

28 Seminowicz, D. A., et al., "Effective treatment of chronic low back pain in humans reverses abnormal brain anatomy and function", *Journal of Neuroscience, Vol.31(20)*, p.7540-7550, 2011.

29 Larson, K., et al., "Cognitive ability at kindergarten entry and socioeconomic status", *Pediatrics, Vol.135(2)*, e440-e448, 2015.

6장

1   Dijksterhuis, A. & van Knippenberg, A., "The relation between perception and behavior, or how to win a game of trivial pursuit", *Journal of Personality and Social Psychology, Vol.74(4)*, p.865-877, 1998.

2   Döring, Tim, Wansink, Brian, "The waiter's weight: Does a server's BMI relate to how much food diners order?", *Environment and Behavior, Vol.49(2)*, p.192-214, 2015.

3   Kochanska, G., et al., "Interplay of genes and early mother-child relationship in the development of self-regulation from toddler to preschool age", *Journal of Child Psychology and Psychiatry, Vol.50(11)*, p.1331-1338, 2009.

4   Chaplin, Lan Nguyen & John, Deborah Roedder, "Growing up in a material world: age differences in materialism in children and adolescents", *Journal of Consumer Research, Vol.34(4)*, p.480-493, 2007.

5   Sikora, Joanna, Evance, M. D. R., Kelley, Jonathan, "Scholarly culture: How books in adolescence enhance adult literacy, numeracy and technology skills in 31 societies", *Social Science Research, Vol.77*, p.1-15, 2019.

6   Taylor, A. F., et al., "Growing up in the inner city: Green spaces as places to grow", *Environmental and Behavior, Vol.30(1)*, p.3-27, 1998.

7   Atchley, Ruth Ann, Strayer, David L., Atchley, Paul, "Creativity in the wild: Improving creative reasoning through immersion in natural settings", *PLoS One, Vol.7(12)*, e51474, 2012.

8   Ulrich, R. S., "View through a window may influence recovery from surgery", *Science, Vol.224(4647)*, p.420-421, 1984.

9   Kuo, F. E. & Sullivan, W. C., "Environment and crime in the inner city: Does vegetation reduce crime?", *Environment and Behavior, Vol.30(3)*, p.343-367, 2001.

10 Goetz, Elizabeth M. & Baer, Donald M., "Social control of form diversity and the emergence of new forms in children's blockbuilding", *Journal of Applied Behavior Analysis, Vol.6(2)*, p.209-217, 1973.

11 Epel, E. S., et al., "Meditation and vacation effects have an impact on disease-associated molecular phenotypes", *Translational Psychiatry, Vol.6(8)*, e880, 2016.

12 Nawijn, Jeroen, et al., "Vacationers happier, but most not happier after a holiday", *Applied Research in Quality of Life, Vol.5(1)*, p.35-47, 2010.

13 Touchette, Évelyne, et al., "Associations between sleep duration patterns and behavioral/cognitive functioning at school entry", *Sleep, Vol.30(9)*, p.1213–1219, 2007.

14 Mindell, Jodi A., et al., "Cross-cultural differences in infant and toddler sleep", *Sleep Medicine, Vol.11(3)*, p.274-280, 2010.

정답이 없는 육아에서 가장 좋은 선택을 하는 법

뇌과학자의 특별한 육아법

초판 1쇄 발행 2022년 5월 25일
초판 2쇄 발행 2022년 7월 29일

지은이 · 니시 다케유키
옮긴이 · 황소연
발행인 · 이종원
발행처 · (주)도서출판 길벗
출판사 등록일 · 1990년 12월 24일
주소 · 서울시 마포구 월드컵로 10길 56(서교동)
대표 전화 · 02)332-0931 | 팩스 · 02)323-0586
홈페이지 · www.gilbut.co.kr | 이메일 · gilbut@gilbut.co.kr

기획 및 책임편집 · 황지영(jyhwang@gilbut.co.kr) | 제작 · 이준호, 손일순, 이진혁 | 영업마케팅 · 진창섭, 강요한
웹마케팅 · 조승모, 송예슬 | 영업관리 · 김명자, 심선숙, 정경화 | 독자지원 · 윤정아, 최희창

디자인 · 어나더페이퍼 | 교정교열 · 장도영 프로젝트 | 인쇄 · 교보피앤비 | 제본 · 경문제책

ISBN 979-11-6521-984-0 03590
(길벗 도서번호 050160)

독자의 1초를 아껴주는 정성 길벗출판사

길벗 | IT실용서, IT/일반 수험서, IT전문서, 경제실용서, 취미실용서, 자녀교육서
더퀘스트 | 인문교양서, 비즈니스서
길벗이지톡 | 어학단행본, 어학수험서
길벗스쿨 | 국어학습서, 수학학습서, 유아학습서, 어학학습서, 어린이교양서, 교과서